科学新悦读文丛

优雅的等式

欧拉公式与数学之美

$$e^{i\pi}+1=0$$

[美]
戴维·斯蒂普
(David Stipp)
著
涂泓 冯承天
译

A Most
Elegant Equation:
Euler's Formula and the
Beauty of Mathematics

人 民 邮 电 出 版 社
北 京

图书在版编目（CIP）数据

优雅的等式 : 欧拉公式与数学之美 / (美) 戴维•斯蒂普 (David Stipp) 著 ; 涂泓, 冯承天译. -- 北京 : 人民邮电出版社, 2018.12
(科学新悦读文丛)
ISBN 978-7-115-49298-2

Ⅰ. ①优… Ⅱ. ①戴… ②涂… ③冯… Ⅲ. ①欧拉(Euler, Leonhard 1707-1783)－数学公式－普及读物 Ⅳ. ①O1-49

中国版本图书馆CIP数据核字(2018)第206237号

◆ 著　[美]戴维•斯蒂普（David Stipp）
译　涂 泓 冯承天
责任编辑　刘 朋
责任印制　陈 犇
◆ 人民邮电出版社出版发行　北京市丰台区成寿寺路 11 号
邮编　100164　电子邮件　315@ptpress.com.cn
网址　http://www.ptpress.com.cn
北京虎彩文化传播有限公司印刷
◆ 开本：700×1000　1/16
印张：10.25　2018 年 12 月第 1 版
字数：146 千字　2025 年 1 月北京第 25 次印刷
著作权合同登记号　图字：01-2018-1403 号

定价：39.00 元
读者服务热线：(010)81055410　印装质量热线：(010)81055316
反盗版热线：(010)81055315
广告经营许可证：京东市监广登字 20170147 号

内容提要

伯特兰·罗素曾经写道，数学可以“如诗歌一般确定无疑地”令人感到欢欣愉悦和志得意满。$e^{i\pi}+1=0$ 这个等式尤其如此。莱昂哈德·欧拉堪称数学界的莫扎特，即使在他去世两个世纪之后的今天，他的这项智慧成就仍然被视为一块概念论的钻石，有着无法逾越的美。物理学家理查德·费曼将它称为“数学中最卓越的公式”，而数学家基思·德夫林则将它比作“莎士比亚的一首捕捉到了爱的精髓的十四行诗”。

欧拉公式有时也被称为上帝方程，其中只包含 5 个数，却令人惊讶地揭示出了那些隐匿的关联。这个等式将基本算术与复利、圆的周长、三角学、微积分甚至无限联系在一起。作者戴维·斯蒂普用欧拉等式作为一盏导航灯，引领我们一个接一个地浏览那些具有启发性的数学概念，他顽皮地说明了为什么无限就像是一条在闲暇时间拉犁的龙，如何撰写一部无字自传，以及如何将一个数乘以 -1 想象成发送一艘宇宙飞船去穿越四维空间。戴维·斯蒂普通过这一切明示了可以如何利用单单一个等式就阐明许许多多的奥秘，以及它对于我们置身其间的宇宙又揭示出了什么。

让我们一起揭开这个神奇等式的神秘面纱，领略数学之美吧！

献给艾丽西亚、昆汀和克莱尔。

你还能回忆起你是为何爱上数学的吗？我想，不会是由于它在管理库存物资方面的用处，而是由于它会给予的那些乐趣、能力感和满足感，那些激起敬畏、欢欣或惊异的定理，那些我所认为的人类至高无上的智慧成就所带来的惊奇和荣耀。难道不是这样吗？

安德伍德·达德利

美国迪堡大学数学荣誉退休教授

引 言

谁能抗拒去看这样或那样的十佳榜单？我可不行。因此，几年前当我偶然看到数学家们列出的一份最美定理排名时，它就引起了我的关注。我决定将这看成一次突击测验：我能从我那遥远的数学专业本科学习岁月中回忆起其中的哪几条？糟糕，很遗憾，我败下阵来了。不过，我仍然为自己能够回忆起前10条（共24条）中的9条而感到欣慰。然而，其中排名第一的最美定理却令我感到困扰——我以前就曾见过这个被称为欧拉公式的等式，但记不起在求学期间曾仔细研究过它。

当时我有点儿想为自己开脱，心想它很可能被高估了。这个公式中既没有神秘的符号，也没有其他严肃的数学艺术的真知，它只不过以数为特征，而且只有 5 个数而已（在其通常的写法中就是如此）。确实，其中有 3 个数是用字母来表示的，这显示了它们的特殊性。不过，与一个困惑不解的小学一年级学生写出的 $2+1=0$ 相比，这个等式[1]本身看起来也并没有显示出更多的灼见。你看，它就是 $e^{i\pi}+1=0$。

我当时无疑已经很熟悉莱昂哈德 · 欧拉[2]（欧拉的发音接近“oiler”）了，这个公式就是以这位 18 世纪的数学家的名字来命名的。他被称为数学界的莫扎特，并且可以说他的印迹遍布我的那些老旧数学书中的每一页。不过，这并没有说明多少问题，而且这个公式随后就开始像一段曲调，其由来与发展一直在我的脑中挥之不去，叫人受不了。通过谷歌一查，我发现许多数学方面的权威人士都认为它不仅美，而且是数学史上最卓越的成果之一。其中就有我的偶像之一理查德 · 费曼[3]，这位杰出的理论物理学家曾参与过曼哈顿计划，赢得过诺贝尔奖，领导了 1986 年“挑战者号”航天飞机失事的调查工作，并且最重要的是，他显露出几乎超越常人的生活乐趣。为什么这个看起来很简单的小小公式竟会吸引他那能量无穷的头脑?

好吧，我决定是时候来做一番调查研究了。尽管我在大学毕业后改行去从事科学写作，但是我要充当我那几个喜欢转动着眼珠的孩子的数学导师，以此来避免我的数学思维完全萎缩。就我儿子的情况来说，我一直辅导了他整个高中阶段的微积分课程。因此，我查阅了欧拉公式的推导过程（如果你懂一点儿微积分的话，这个过程是相当直截了当的），并探究了它的历史和意义。正如在我之前的许多数学爱好者一样，我在完成这一切后不禁想喝彩，或者更精确地说是拍案叫绝。

首先，它实际上相当于将数学中两千年来的那些大思想压缩进了一个小

[1] 欧拉等式常常被称为公式或恒等式。我将它称为等式或公式，以掩饰这样一个事实：这些术语在正式的数学中并不是同义的。——原注

[2] 莱昂哈德 · 欧拉（Leonhard Euler，1707—1783），瑞士数学家和物理学家，近代数学先驱之一，对微积分学和图论等多个领域都做出过重大贡献。——译注

[3] 理查德 · 费曼（Richard Feynman，1918—1988），美国理论物理学家，量子电动力学创始人之一，1965 年诺贝尔物理学奖获得者。——译注

得出奇的包裹之中。这些大思想包括：无限的性质和应用（从根本上来说，无穷大就隐藏在这个公式内部），π 这个数在数学中无处不在的怪异现象，名字起得令人误解而大有用处的叙述，一无所有（也就是0）的精妙之处。不过，真正吸引我的注意力的是这样一个事实：欧拉在发现这个公式的路上，揭开了数学概念之中的一组隐秘的关系。尽管许多学生在高中时就学习过这些概念，但是他们没有意识到它们是以一种可以描述为酷到邪门的方式彼此深刻联系在一起的。（也就是说，比单纯的了不起还要再酷上好几个等级。）

我就这样理解了其中的美。不过，我仍对记忆中的那些空白之处惊讶不已，那里本该有一位选美皇后。我拿出了大学时代的那些微积分书继续探究。我当时将它们作为战利品保存下来，以纪念我躬身阅读它们所花费的时间。这些书的索引中并没有列出欧拉公式。在逐页翻阅它们的过程中，我终于找到唯一的一处短暂地提到了一个一般公式（这个公式也是由欧拉提出的），而那个最美的公式可作为它的一个特例而得出。我能找到的最接近"$e^{i\pi}+1=0$"的内容是一道练习题，其答案恰好就是该式的另一种形式。

原来如此，我当时这样想。我并没有忘记欧拉公式，只是在我求学的时代，它被轻描淡写地提到了一下。现在回头细想，这个最美的等式在我儿子的任何高中数学课程中也都没有被提到过。

最后，这种想法使我回忆起对于当初的这些课程，我实在知道得太多了。确实是这样，我在内心深处叹息道。作为儿子昆汀的导师，我对于他日常的数学作业比他自己更熟练。作为一个初露头角的艺术家，他认为数学课既无聊又浪费时间。而到他动身去上大学时，我看他的那些数学书时出现了幻影。我所看见的两幅影像之一是我作为一名数学爱好者所知道的那一具有进取心的形象，而另一幅影像则是他眼中所看到的。2013 年，小说家尼克尔森·贝克在《哈珀斯》杂志上发表了一篇文章，谈及强制性高中数学课如何常常孕育出学生对数学的憎恶，其中令人难忘地描述了这后一幅影像。他特别写道："[学习代数 II 课程的学生们] 被迫反复盯着这些不出声的符号体系所构成的一个个令人毛骨悚然的辣根块看，如平方根、多项式。这些东西令他们恼怒，挡住了他们的去路，而且也是他们所无法理解的。家庭作业没完没了，算法变得越来越长、越来越棘手，考试接踵而来。他们之中的许多人迟早会中途垮下来。”

你大概能看出我说这些是为了什么。我的下一个想法是：要是昆汀以及其他数百万认为数学是最佳催眠药的人能体验我再次看到欧拉这一伟大发现时所感受到的那种震颤就好了。我内心深处的独白者早已在我耳边低语：“写一本书吧！”然而，我坚定地对他说，让我们还是现实一点儿吧。对于那些把大部分高中数学知识都忘记了的人，他们是不可能体验到这种顿悟的。这个主意太荒谬了，忘了它吧。光是想到这个主意就会对我作为一名有些理性的思考者的名声造成无可估量的损害。

当然，随后我就坐下来开始写这本书了。这样说稍微有点儿夸张了，我对这个想法反复斟酌了大约一年的时间。最终我想起了美国哲学家奥茨·柯尔克·鲍斯玛是如何克服犹豫不决而写出一本他曾拿不定主意是写还是不写的书的。他这样解释道：“我抛出一枚硬币，而它也如我所料地落了下来。它竖立在那里，于是我把它推倒了。”

所以，我们就有了这本书。不过，在你钻研本书（或者决定不去看它）之前，请先看完这篇引言。我会长话短说。

我推倒这枚硬币的原因之一是，欧拉公式提供了一种非常罕见的组合，其中有美感、有深度、有惊讶，而对于我的种种目的而言最重要的是，它还具有可理解性——几乎没有什么深奥的数学结论会像它这般容易理解（虽然还需要做一番解释，显然就是薄薄一本书的代价）。我也知道在撰写过程中，我有机会去重温被如此巧妙地封装进这个公式中的各种想法，从而使我能漫步于整个数学史。

此外，这个公式并不仅仅是抽象艺术的一种数学版本。在欧拉之后很久，科学家和工程师们才认识到，上文所提及的那个一般等式（即 $e^{i\pi}+1=0$ 概念上的上层等式）对于用数学方法来模拟像交流电那样有节奏变化的一些现象是极其有用的。因此，欧拉的这一才华横溢的纯数学发现如今已深深地融合在我们周围的各种电气设备之中。我也会把这称为酷到邪门，假如允许我再次使用这一形容方式的话。

这个公式的不朽也对我产生了吸引力。电气工程师保罗·纳辛在他为学过大学数学的人所撰写的关于此公式的一本书中说得好："在遥远未来的技术人员看来，如今的物理学、化学和工程学几乎必然都是陈腐过时的，但欧拉公式不同，即使对于 1 万年后无论多么先进的数学家来说，它仍然是完美的，令人震撼，并未因时间而褪色。"

我希望本书能大致描述出这些光彩的林林总总。不过，我觉得有必要先提几件事，权当公示一下本书的主旨。首先，写作本书的意图并不是帮助读者提高数学技能，也不打算透彻地教授它所涵盖的数学内容，本书的唯一任务是要清晰地阐明伟大的数学就如同伟大的艺术或伟大的文学一样具有美感和深度，令人振奋。其次，假如你是一位资深数学爱好者，那么你很可能会发现书中的大部分内容都过于基础（也许附录 1 除外）。有些人已经忘记了他们在六年级以后所学的大部分数学知识，也许他们一时想不起这些知识。我尽力使这些人也能理解本书介绍的数学内容。因此，我假定读者熟悉生活中需要处理的那些基本知识，如算术运算、分数、比率、小数、百分数。美国的孩子们在七年级或八年级学习代数之前应该知道这些内容。

不过，我还是引入了许多数学表达式。你也许会由此推断出，我在某种程度上没有贯彻物理学家斯蒂芬·霍金的那条关于在非技术性书籍中使用数学表达式的著名告诫。他谈论道："有人告诉我，我在这本书（《时间简史》）中所引入的每一个数学公式都会使销量减半。因此，我决定完全不列出任何公式。"（最终他还是用了一个公式：$E = mc^2$。）事实上，我很清楚这条评论，实际上它如文身一般印刻在我的大脑皮层上。但是我认为，介绍欧拉公式而不使用公式，就如同描述凡·高的《星夜》[1] 而不展示图片一样。这会使我无法实现自己的目标，而我的目标是使读者们能够真正接近数学史（甚至人类

[1] 文森特·凡·高（Vincent van Gogh，1853—1890），荷兰后印象派画家，表现主义的先驱。《星夜》是 1890 年他在法国的一家精神病院里创作的一幅著名油画。——译注

思想史）上的一个制高点。

我当然想到过，假如那条销量减半原理是正确的，那么本书能吸引的读者也许不到一百万分之一个人。（这里有好几十个数学表达式。）不过，我还是很高兴地宣布，现在我们已经知道有超过这个数字一百万倍的人翻阅了这本书（指的就是你，亲爱的读者），而这意味着那条原理的提出者也许需要做些数学修正。无论如何，我希望至少有几个渴望学习知识的人会继续读下去，并发现自己体验到了一些出乎意料的惊异，度过了一些欢欣鼓舞的时刻。要去读一本书还有什么更好的理由吗？同样的道理，还有什么更好的理由去写一本书吗？

目录

CONTENTS

第1章

上帝方程

1783年9月18日晨间，莱昂哈德·欧拉看来似乎一如既往地好奇、欢快和敏锐，这是他生命中的最后一天。此时俄国的圣彼得堡已接近秋天，这位76岁的瑞士数学家与他的大家庭一起生活在那里，并在俄国科学院工作。尽管他双眼几近失明已经有十多年了，但他仍然在继续以令人震惊的速度发表数学和科学论文——他在失明以后实际上更加多产。欧拉在他的头脑中进行复杂的计算，然后向助手们口述这些计算的结果，而这些助手则将它们记录在他放置在书房里的两块很大的书写石板上。

那天早晨，按照他的习惯，他在给他的一个孙子上一节基础科学课。稍后，两位同事来讨论一些科学问题，其中包括最近发现的行星——天王星，以及几个月前由一对法国兄弟约瑟夫－米歇尔·孟戈菲和雅克－艾蒂安·孟戈菲在无人驾驶的情况下所进行的那些新颖的热气球实验。他们很快就会由于实现首次载人飞行而被载入史册。

欧拉告知来访者说，他已失去了残存的视力，接下去就开始解一个复杂的微分方程（微积分中的一种运算），用以模拟热气球的上升，并以此确定它们能够飞到多高。他还在头脑中进行了一些与天王星轨道相关的计算。午饭后，他说自己感到头晕，于是躺下来小睡片刻。

几个小时后，他又重新来到他的家人和朋友们之间，共享 4 点钟的下午茶。他坐在一张沙发椅上，愉快地与他的一个孙子玩耍，随后又向他的妻子再要了一杯茶。两分钟后，他突然扔下正在抽的烟斗，站了起来，双手紧捂着前额，用德语大声惊呼道："我要死了。"这是他说的最后一句话，也表现出了他所特有的那种直觉。他中风了，而事实证明这次中风是致命的。他很快就失去了知觉，在当天傍晚就去世了。

那一天的晚些时候，欧拉的长子约翰在他父亲的石板上偶然发现了一些最近的计算。尽管他感到震惊而悲痛（或者也许正是由于这些情绪），但他很快就开始着手完善关于热气球的那些计算，并将结果作为欧拉去世后的第一篇论文发表在一本法国杂志上。随后还有很多这样的论文，欧拉留下了大量从未发表过的手稿，其中满是重要的发现，这些发现在他去世后的数十年间陆续发表。

欧拉的生命贯穿了启蒙运动[1]的大部分时间，这是继百花齐放的文艺复兴之后的一场思想大爆发的鼎盛时期。在 18 世纪这场运动的巅峰时期，知识分子们云集于咖啡馆和文学沙龙，高谈阔论着一些改变世界的理念，这些理念与科学、个体自由、宗教宽容和自由市场经济有关。美国精神就是在这

[1] 启蒙运动通常指在 18 世纪初至 1789 年法国大革命之间的一个各个知识领域中新思维不断涌现的时代，是继文艺复兴后的又一次思想解放运动。——译注

场启蒙运动期间造就的，1776 年杰斐逊[1]起草《独立宣言》时就在倡导这种精神。同一年，苏格兰哲学家亚当·斯密出版了《国富论》[2]，这本书传播了这样一种产生巨大影响的理念：理性的利己主义能够促进经济繁荣。几年后，英格兰的玛丽·沃斯通克拉夫特写出了《女权的辩护》[3]，这是最早的女权主义小册子之一。

启蒙运动中出现的伟大人物包括乔治·弗里德里希·亨德尔、沃尔夫冈·阿玛多伊斯·莫扎特、弗朗茨·约瑟夫·海顿、乔纳森·斯威夫特、亚历山大·蒲柏、塞缪尔·约翰逊、丹尼尔·笛福、伏尔泰、托马斯·潘恩、本杰明·富兰克林、孟德斯鸠、大卫·休谟、伊曼努尔·康德、德尼·狄德罗、威廉·赫歇尔、安托万·拉瓦锡和夏特莱侯爵夫人。其中，夏特莱侯爵夫人是一位数学家和物理学家，她是在法国科学院发表科学论文的第一位女性。这些人中的许多都是一个国际文坛的成员，其非正式的座右铭是康德的那句名言"*Sapere aude*"（拉丁语，意思是"敢于认知"）。这个时代最具影响力的作家，例如斯威夫特、潘恩和伏尔泰，以前所未有的热情和智慧去抨击那些当时公认的权威和当权者。他们之中的许多人认为真相的最终仲裁者是人类的理性，而不是神明的启示。这导致当时的许多知识分子都信奉自然神论。这种观点认为上帝建立起这个宇宙，令其按照那些可以发现的自然定律运行，然后他就永远退居幕后了。自然神论者们拒绝接受奇迹和其他超自然现象，认为这些都是迷信。

有些人追随英格兰的约翰·洛克[4]，相信自然定律也适用于人类社会，而

[1] 托马斯·杰斐逊（Thomas Jefferson，1743—1826），《独立宣言》的主要起草人，美国第三任总统（1801—1809）。——译注

[2] 亚当·斯密（Adam Smith，1723—1790），苏格兰哲学家、经济学家。他所著的《国富论》是第一本试图阐述欧洲产业和商业发展历史的著作。

[3] 玛丽·沃斯通克拉夫特（Mary Wollstonecraft，1759—1797），英国作家、哲学家和女权主义者。她所著的《女权的辩护》是女权主义哲学最早的作品之一。——译注

[4] 约翰·洛克（John Locke，1632—1704），英国哲学家、经验主义的代表人物，在社会契约理论方面也做出了重要贡献。——译注

其主要原则涉及与生命、自由和财产相关的权利——这是一种真正革命性的理念。这个时代还出现了许多"开明君主"，例如普鲁士国王腓特烈二世和俄国沙皇叶卡捷琳娜二世。他们认同那个年代所信仰的理性至上观点，他们还推动教育、宗教和财产权改革。腓特烈二世和叶卡捷琳娜二世也为他们国家的科学院感到自豪。这些科学院相互竞争以吸引欧洲最有才华的人士，并发挥了主导研究的作用。欧拉在俄国科学院开始了他的职业生涯，随后在普鲁士科学院度过了四分之一个世纪，最后回到俄国科学院度过了他的余生。

当时重要的思想家之间常常产生分歧，他们当时提出来讨论的那些大问题如今仍然争论不休。例如，欧拉在宗教上就比他的许多同行更为保守。他拒绝接受自然神论者们的那种当时看来很激进的人类理性高于基督启示的观点。不过，几乎那个时代的所有伟人（也包括欧拉在内）都认同启蒙运动最具决定性的思想：世界由自然定律所支配，而这些定律的规律性是可以通过各种科学方法来发现的。与这种理念紧密联系的观点是自然定律可以用数学方式表示出来。艾萨克·牛顿[1]在17世纪末揭示了万事万物（从潮汐到横贯天空的行星轨道）都可以按照用数学方式表述的运动和引力定律来解释，此后这种理念似乎就已刻写在那些恒星上了。启蒙运动期间对这些基于数学的解释的积极追求，为工业革命和现代技术的崛起铺平了道路。这种追求还影响了那一时期正式论述的风格，有时其中带有一种明显数学化的味道。请细想《独立宣言》中的第二句话："我们认为下述真理是不言而喻的：人人生而平等，造物主赋予他们若干不可让与的权利，其中包括生存权、自由权和追求幸福的权利。"它给人一种数学公理的印象。这份文件中接下去阐述的那些主张都像定理那样合乎逻辑地紧随其后。

如此辞藻华丽、构思严谨的散文在推文和博客[2]的年代看起来也许显

[1] 艾萨克·牛顿（Isaac Newton，1643—1727），英国物理学家、数学家、天文学家、自然哲学家，在以上各方面都做出了重大贡献。——译注

[2] 社交网络"推特"（Twitter）允许用户发表不超过140个字符的消息，称为"推文"（tweet）。博客（Blog）是一种由个人管理、发表文章、图片和视频的在线日记。——译注

得古色古香。不过，对于均衡、秩序和理性的热情，无论怎么强调都不会过分，这种热情渗透于杰斐逊的字里行间，也是欧拉时代留给后人的。确实，当我们回头扫视历史长河时，启蒙运动就如同一间灯火通明的房间那样凸显出来，它的光彩仍然在帮助我们在黑暗中前行。当我在 2016 年底撰写本书时，看来似乎今天的后真相独断者们和科学否定者们都已联起手来，他们追求同一个可怕的目的：去熄灭它的引导之光，用贪婪、谎言、愚昧和憎恨取而代之。

欧拉不仅是启蒙运动中最伟大的数学家，也是那个时代最伟大的物理学家。他对天文学和工程学也做出了许多重要贡献。根据科学历史学家克利福德·特鲁斯德尔的估计，欧拉撰写了 18 世纪期间出版的所有数学和科学著作中的**四分之一**。事实上，在启蒙运动的大部分时间里，他都是最主要的圣火传递者。这是一把在文艺复兴期间点燃、牛顿和其他人曾在 17 世纪末高举的圣火。

欧拉赢得的法国科学院年度奖不下 12 次，这一奖项表彰的是对科学、数学和技术问题的创新性解决方法，相当于现在的诺贝尔奖。他是历史上最多产的数学革新者。他的著作（迄今为止）多达厚厚的 80 卷，是数学上的珠穆朗玛峰。他在数学的几乎每一个分支中都有重大建树。正如数学家威廉·邓纳姆所指出的，你需要一辆铲车才能搬运他那部约 25000 页的《欧拉全集》（其中包括欧拉的全部著作，瑞士科学院编辑这套全集的过程长达一个多世纪）。

欧拉还取得了技术上的进展。例如，他在 1752 年发明了一些在当时看来具有未来主义色彩的设计：轮船的桨轮和旋转推进器。直到 19 世纪研制出来的蒸汽机转动这些装置时，它们才变得具有实用性。在他关于如何制造消色差透镜的那些想法的启发下，一位英国发明家装配出了首批色彩校正透镜。他甚至还提出了一种逻辑机器的设计——一种早期的机械式计算机，不过是否建造了这种机器则不得而知。

虽然我们并不把欧拉视为一位哲学家，但他的著述显然影响了康德的形而上学。他的那部关于人口增长的数学著作启发达尔文想到了自然选择理论。他还参与解答了著名的经度问题——设计一种实用的方法来确定船舶在海面上所处的经度。1714年，英国政府曾提供一笔奖金，激励发明者攻克这一难题。1765年，英国政府将这笔奖金的一部分颁给了欧拉。如今，他所开创的数学思想用于以下各种系统：安全的网络传播、社交网络分析、电子电路设计和许多其他方面，甚至连好莱坞也认识到了他的贡献，2016年的电影《隐藏人物》中提到了“欧拉方法”。该影片的主角之一用这种近似技术来计算20世纪60年代的航天器轨道，以避免它们在重新进入大气层时燃烧起来，从而使它们降落在军舰能迅速回收的地方。

显然，欧拉具有历史上最伟大的头脑之一。与许多伟大的创新者不同的是，他在有生之年就获得了国际声誉。也许只有伏尔泰因其谬言逆行和令人难忘的尖酸刻薄而在18世纪末的欧洲比他更加出名。不过，如今许多人都熟悉启蒙运动时期的其他天才人物的作品，如亨德尔的音乐、伏尔泰的讽刺作品、笛福的小说，但是知道欧拉著作的人相对较少。这是一件憾事。他所雕琢的这些智慧宝石与思想史上所能找到的任何一块宝石同样闪烁着光辉。其中有一块宝石特别引人注目，它浓缩了数学的那种带来惊喜的卓绝力量。它如禅宗公案[1]一般具有激励性，令人迷惑而又简明扼要，堪称数学的孤掌之鸣：

$$e^{i\pi}+1=0$$

数学教科书将它称为欧拉公式。有些人觉得，这个公式不仅是数学中最令人吃惊的，而且可以说是其中最有吸引力的真理，因此这个名字对于这样一条真理来说太平凡了，于是他们将它称为上帝方程[2]。

[1] 禅宗公案是指禅宗祖师的一段言行或者一个小故事，内容大都与实际的禅修生活密切相关。——译注

[2] “上帝方程”这个绰号的意图是要强调它的深奥，而不是暗示有神将它从高处传递下来。不过，数学家儒勒·昂利·庞加莱确实曾经将欧拉称为“数学之神”。而假如上帝存在的话，我猜测他会把欧拉公式镌刻在一块美玉之上，放置在他的案头。

人们认为本杰明·皮尔斯是美国的首位世界级数学家，他从 1831 年到 1880 年在哈佛大学担任教授。有一次上课时，他演示了如何证明这个公式的一种变化形式。随后，他对着自己在黑板上所写的内容凝视了几分钟，然后转向他的学生们说："（这）完全是矛盾的，我们无法理解它，我们也不知道它的意思是什么，但我们证明了它，因此我们知道它必定是真理。"

数学家基思·德夫林，即美国国家公共电台《数学达人》节目主持人，也曾感到过惊奇。他评论道："就像莎士比亚的十四行诗捕捉到了爱的精髓，或者一幅油画表现出了远不止于肤浅表面的人体形态之美，欧拉公式达到了存在的真正极深处。"

理查德·费曼说得更加简短，但是没有那么热情。他在 14 岁时撰写的一本笔记中写道，它是"数学中最卓越的公式"，旁边还写着它的证明梗概。正如我在引言中提到过的，数学家们认为欧拉公式是数学中最美的等式。2014 年，有人向 15 位数学家提供了 60 个不同的等式，其中包括欧拉公式，同时对他们做大脑扫描。这项研究显示，欧拉公式激活大脑中体验视觉和音乐之美的那些区域的能力最强。

这个等式的最左边是无限复杂的数（其中两个用字母 e 和 π 来表示，因为倘若将它们用数字形式写出来的话，毫不夸张地说要花费无限长的时间），然而当它们组合在一起时，它们的无限就坍缩成了一个小小的、整洁的整数。也就是说，这个方程明示了 $e^{i\pi}$（看起来像是某种会把一个学习数学的年轻学生变成石头的数字怪物）实际上就等于一个简单的整数 −1[1]。这是个令人吃惊的事实，5 个看起来互不相关的数（e、i、π、1 和 0）在这

[1] 要明白这个事实，记住以下这一点会有所帮助：在一个等式的两边加上同一个数（我所说的"边"意思是指分列于等号左右的内容），就将这两边变成了不同但仍然相等的项。假如在欧拉公式的两边都加上 −1，那么左边就变成了 $e^{i\pi}+1+(-1)$，这是因为 $1+(-1)=0$，而一个数加上 0 后的值不变。与此同时，等式右边变成了 $0+(-1)$，由于加上的 0 都不起作用，因此此式就等于 −1。于是，通过这一操作过程就把欧拉公式转变成了 $e^{i\pi}=-1$，而这就意味着 $e^{i\pi}$ 实际上就是 −1，却以一种非常奇妙的伪装形式出现。

个公式中如同相互接触的一片片拼图那样整洁地组合在一起。你也许会认为，某一天一位宇宙木匠用线锯锯开了它们，然后淘气地将它们散乱地留在欧拉的桌上，以此来作为一条撩人的线索，暗示着事物之间高深莫测的相互联系。

第 2 章

一个完全关于变化的常数

乍看之下，e 这个在数学中被称为欧拉常数的数似乎并没有多少可说的。它的值大约是 2.7。在我们这个炒作无度的时代，这样一个不太大的量会招致轻视。像“千千亿亿”（a bazillion）这样虚夸的数显然在媒体上会得到多得多的笔墨[1]。如果你的口袋里装着 e 美元，那么你甚至都没有足够的钱在我们这里的星巴克咖啡店买上一小杯拿铁咖啡（见图 2.1）。

不过，e 可不容小觑。它是数学中最多才多艺的超级英雄之一。

[1] “abazillion”和“azillion”一样，都是一个大小不确定的虚构的大数。“a gazillion”也是如此，它可能会比“a bazillion”大“a zillion”倍，也可能不会。

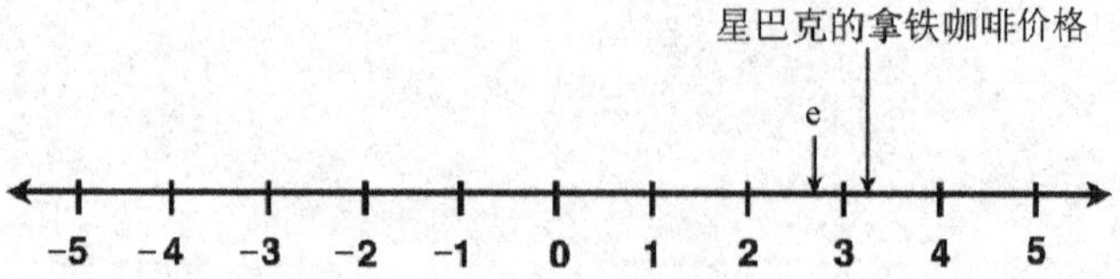

图 2.1

首先，它对于用数学方法来表示增长或减少有着独一无二的价值。光是这一点就使它出类拔萃了。事实上，e 可用于处理与本金通过复利发生增长相关的那些问题，正是这一点导致人们在 17 世纪发现了它 [1]。让我们带着一种现代的新思路来重温那一时刻。

假如说有一家新开张的银行决定对储蓄账户提供 100% 的年利率。（这是相当牵强的，不过在数学设想中还是可能发生的。）有一个谨慎到神经质程度的人在网上看到了这家银行的广告后，从他的床垫底下取出 1 美元（下文中写作“ \$1”）并存了进去。一年后，他的存款会等于他原来存进去的本金 1 美元再加上利息。这一年年终他的存款总额可以这样计算：将它原来的本金乘以“$1 + r$”这个量，其中的 r 表示用小数给出的利率。（“$1 + r$”中的 1 是他在年底会拿回的本金所占的比例，而 r 则是除了本金之外他还会额外得到的利息所占的比例。）因此，总金额就会是 $\$1 \times (1 + r)$。由于在这种情况下 r 等于 1.00（即 100%），因此总金额就是 $\$1 \times (1 + 1.00) = \$1 \times 2 = \$2$。

一年后，此人渐渐明白这家银行并不是大到不会倒闭的程度，因此他取回了这 2 美元，迅速藏回到他的床垫之下。不过，银行很快就用一个更诱人的招数把他引诱回去了：从此以后，100% 的年利率会被分成各占 50% 的两部分，分别在当年的 6 月底和 12 月底支付。

他同样还是只存入 1 美元，6 个月后，他的账户中会有他原来的本金再加上大小为本金 50% 的利息。利用上文所示的计算方法，这些钱就该是 $\$1 \times (1 + r)$，其中的 r 为用小数表示的利率 100% 的一半，或者写成 0.50。

[1] 我们现在称为 e 的这个数在欧拉出生之前就已经为人们所知，但是欧拉使这个数在数学中崭露头角，并为它选择了 e 这个符号。

假如随后将这笔新的总金额当作他的新本金，那么到年底得到第二笔利息后，他的总金额就等于新的本金再次乘以“$1+r$”这一项。也就是说，此时的总金额会是 $[\$1 \times (1+r)] \times (1+r)$。用 0.50 代替其中的 r，结果就会得出 $\$1 \times 1.50 \times 1.50$，或者说就是 2.25 美元。

这些计算说明了一条便于使用的经验法则：复利周期的增加在算术上被转化为反复乘以“$1+r$”。因此，假如银行将其 100% 的年利率分成相等的 3 份，每三分之一年计算一次复利，那么此人一年后拿到的总金额就是 $\$1 \times (1+r) \times (1+r) \times (1+r)$。在这种情况下，$r$ 大约等于 0.33。将这个数代入 r 就会得到年底的总金额大约为 2.37 美元。

假如这家银行想要进一步吸引储户，以至于按季度计算复利，那么他一年后拿到的总金额就是 $\$1 \times (1+r) \times (1+r) \times (1+r) \times (1+r)$，其中的 r 等于 100% 的四分之一。这样计算得到的结果约为 2.44 美元。

这里正在逐渐显露出一种模式（这实际上就是 e 的一个模糊的轮廓），不过此时此刻很难看出来。我们还需要再稍微多施加一点儿复利的魔法，才能使它露出真面目。

不过，在继续下去之前，为了有助于快速地计算出此人在一年结束时获得的总金额，让我们先把那条经验法则转化成一个简单的公式。要做到这一点，我们会假定这家银行将其 100% 的年利率分成相等的 n 份（n 表示一个大于 0 的整数）分散在这一年中。这就意味着每一个复利周期的利率会是 1.00 除以 n，表示为分数形式时就是 $1/n$。这样，我们就可以将“$1+r$”中的 r 用 $1/n$ 来代替，于是将这个表达式转变成了“$1+1/n$”。这意味着他一年后拿到的总金额可以写成 $\$1 \times (1+1/n)^n$，其中的上标 n 是一个指数。这个 n 说明要将原来的 1 美元存款乘上多少次“$(1+1/n)$”这一项。用 n 作为指数解释了这样一个事实：对于 n 个复利周期中的每一个，我们都必须乘一次该项。而由于任何数乘以 1 后的值不发生变化，因此我们就可以将一般形式的年末总金额 $\$1 \times (1+1/n)^n$ 简单地表示为 $(1+1/n)^n$ 美元。

> 指数表示将一个数自乘多少次。例如，10^2（读作“十的平方”或“十的二次方”）意味着 10 × 10，也就是 100。同样，5^3（读作“五的三次方”）就意味着 5 × 5 × 5，也就是 125。

现在，我们已准备好让 e 跳出来了。我们只需要问一个简单的问题：假如 n 非常大，那么此人是否会实现将 1 美元存入银行一年而大发横财的梦想呢？

乍看之下，你也许会认为答案是肯定的，因为上文中的那些计算表明，将 100% 的年利率分散在越多的复利周期中（相当于增大 n），就会导致年底拿到的总金额越高。不过，这里的细节中藏着一个吝啬鬼：随着 n 变得越来越大，其增益却逐渐变得越来越小。例如，随着 n 从 1 增大到 2，再到 3，再到 4，总金额从 2 美元变成了 2.25 美元，再变成 2.37 美元，再变成 2.44 美元。这种增益不断缩减的现象愈演愈烈，假如银行按星期计算复利（n = 52），那么总金额只会比 2.69 美元多一点点。假如按日计算复利（n = 365），那么此人就会累计获得 2.71 美元。而假如按秒计算复利，那么他最终得到的只比 2.7182 美元多一点点。

他的横财就只有这么多了。事实上，你也许会相当正确地推断出，随着 n 变得越来越大，用于计算他年终总金额的那个表达式 $(1 + 1/n)^n$ 也会越来越接近一个比 2.718 稍大一点儿的数。这样的界限值在数学中称为极限，而在本例中，这个极限就是 e 这个数。事实上，e 通常就定义为当 n 越来越大时 $(1 + 1/n)^n$ 所接近的那个数。

换一种说法，假如银行将其 100% 的年利率以**连续**方式计算复利，那么 1 美元存款在一年之后就会变成 e 美元。这里的“连续”这个词意味着令 n 趋近于无穷大。当然，在现实世界的计算中，你实际上是不可能做到这一点的。不过，假如你想要非常彻底地粉碎这个可怜的倒霉蛋的发财梦，那么你可以用计算机编程来进行上文所示的这些计算，其中 n 取非常大的值，从而得到 e 的一个极其精确的近似值。四舍五入到千亿分之一后，e 的值是

2.71828182846——他的梦想显然不能成真。

不过，关于这个数值不大的、不起眼的 e，有一件古怪的事使它与那些末尾带着大量 0 的夸张数字不同：无论你用越来越大的 n 让计算机计算多久，你都永远无法计算出 e 的确切数值。这是因为 e 的小数点右边的各位数字永远是以随机形式出现的，欧拉事实上在 1737 年就确定了这一点。换言之，e 中实际上封装了无限。（接招吧，千千亿亿，你这个微不足道的伪装者。）你还不如帮自己节省点儿时间，用计算机编程打印出“e = 2.71828…，接下来还有许多怪物”。

我觉得所有这一切都很美妙而又出乎意料。对于一笔少得可笑的银行存款细加揣摩后，竟直接导出了有史以来最伟大的难题之一：如何在脑袋不炸开的情况下形成无限这一概念。（按照 20 世纪德国数学家赫尔曼·外尔[1]的那种更为庄严的说法，数学的目标是“用人类的，即有限的手段，从象征意义上去理解无限”。）我们不可能用一种直接的、不加删减的方式（就像你能写下 4 或者 60732.89 那样）来表示 e。数学家们基本上忽略了这个问题，他们早就在计算中使用 e 和其他一些同样难以捉摸的数（比如说 π）了，而这远早于他们知道如何通过定义这些数来避免毫无把握地隐藏无限这个问题。严格定义 e 需要极限的概念，而这个概念在数学中直到 19 世纪后才不再仅仅是一个模糊的想法。

关于 e，最吸引人的事情之一是它常常出现在那些看似与增长无关的计算之中。例如，它在那道有名的（至少对于数学爱好者来说是如此）衣帽存放问题的解答中跳了出来。这道题目有好几种变化形式，而在时间上可追溯到欧拉的年代。以下是我的版本：当宾客们参加一场高档聚会时，一位管家已仔细地用写有他们名字的便利贴为他们的帽子做好了标记，而后随着宾客们先后离开，他将这些帽子逐一递给他们。然而，由于他在聚会期间偷偷摸

[1] 赫尔曼·外尔（Hermann Weyl，1885—1955），德国数学家、物理学家和哲学家，在理论物理和数论等纯数学领域都有重大贡献。——译注

摸地多喝了几杯拉菲酒庄的佳酿（他的职责之一是从酒窖里把酒取出来），因此他完全无视这些便利贴，醉醺醺地将这些帽子随机地交还给宾客们。那么，没有任何一位宾客拿到自己帽子的概率是多大？

事实证明，宾客的人数越多，这个概率就越接近 1 除以 e。用 2.718 来作为 e 的一个近似值，我的计算器显示 1/e 约等于 0.37，这就意味着每位宾客都戴着别人的帽子走出去的概率大约是 37%。

奇怪的是，无论来宾是 50 位还是 50000 位，这个概率总是约等于 37%。换言之，帽子完全搞混这种最糟情况的发生概率几乎不随宾客人数的无限制增长而发生变化。我不清楚你会如何去想，但当我第一次遇到此题时，这可不是我所预料的结果。

复利、概率、欧拉公式，这些只不过是涉及 e 的许多数学问题中的几个。事实上，e 在某些数学领域中经常突然出现，几乎就像瓦尔多在《瓦尔多在哪里》[1] 中的出场一样有规律。

不过，e 出名的最大原因是当它用一个变量指数 [2] 盛装打扮后，它就变成了一个非常特殊的**函数**。这个函数通常写作 e^x，即 e 的 x 次方。

> 函数基本上就是包含变量的表达式，例如 $x + 5$。（数学书会给出更具一般性的定义，但是就我们的目标而言，这里的说法就足够了。）它们就像计算机程序那样，将输入的数以规定的方式进行转换，并且它们通常用等式的形式来表示，例如 $f(x) = x + 5$，其中 $f(x)$ 的意思是“一个变量为 x 的函数”。[顺便提一下，是欧拉提出了 $f(x)$ 这个便于使用的符号。] 当 $f(x) = x + 5$ 中的 x 用 2 代入时，这个函数输出 7。这个过程的数学速记形式是 $f(2) = 2 + 5 = 7$。$f(x) = 3x^2$ 是另一个函数。（表达式 $3x^2$ 的意思是

[1] 《瓦尔多在哪里》（*Where's Waldo*），英国插画家马丁·汉福德（Martin Handford）创作的一套儿童书籍在北美发行的版本，读者要在人山人海的图片中找到瓦尔多以及他丢失的东西。——译注

[2] 变量用来代表一个尚未确定的数。（相比之下，像 e 这样明确的数在数学中称为常数。）一个变量出现在一个等式中通常隐含着一个问题：这个变量可以代入哪些常数而使这个等式成立？在 $x-2=4$ 中，变量 x 是一个“未知数”，当这个方程得解后发现它只能取一个常数 6。

3 乘以 x^2，在数学中数和字母之间的乘号通常略去不写，因此当你看到一个数与一个字母毗邻时，假设在它们之间有一个隐含的乘号一定是对的。）对于这个函数，$f(2) = 3 \times 2^2 = 3 \times 4 = 12$，其中的“×”是乘法记号而不是变量。

假如将一个正整数代入 x，那么 e^x 的意思就是 e 自乘 x 次。例如，假设 x 等于 2，那么 e^x 就变成了 e^2，或者说就是 e 乘以 e，又由于 e 的值约为 2.718，因此其计算结果就约等于 7.39。不过根据定义，e^x 中的 x 并不仅限于正整数。假如你想要任性一把的话，甚至可以代入一个像 197/23 这样的丑陋分数。

这无疑带来了一个问题：如何将一个数自乘非整数次呢？这也许看起来就像设法去确定处于 A 和 B 之间的那个字母一样荒谬可笑。但是，就像刘易斯·卡罗尔的白皇后[1]，她能在早餐之前相信多达 6 件不可能的事情，数学家们也总是设法跳出框架去更广泛地考虑一些事情。从 14 世纪初开始，他们就研究出一种完全合乎情理的方式来扩展指数的定义，从而使它能容纳像 197/23 这样的分数[2]。

我会跳过关于这种更一般定义的细枝末节。不过，只是为了不让你觉得白皇后偷偷地抢在你前头了，让我们来简要地考虑一下如何粗浅地把握一个具有分数指数的数：$2^{5/2}$。由于指数 5/2（或者写成 $2\frac{1}{2}$）比 2 大而比 3 小，因

---

[1]　刘易斯·卡罗尔（Lewis Carroll）是英国作家、数学家、逻辑学家、摄影家和儿童文学作家查尔斯·路特维奇·道奇森（Charles Lutwidge Dodgson，1832—1898）的笔名，他最著名的儿童文学作品是《爱丽丝梦游仙境》及其续集《爱丽丝镜中奇遇》，白皇后是其中的重要角色。——译注

[2]　14 世纪法国的尼克尔·奥里斯姆（Nicholas Oresme）是已知最早考虑分数指数的数学家，艾萨克·牛顿在 17 世纪确定了它的现代意义。然而，在 17 世纪发明对数之前，如果一个数具有像 197/23 这样一个难以处理的指数，那么要实际计算出它的值是异常困难的。对数将通常看起来需要经过巨量乘法运算的那些计算转变为简短的、只需花费几秒钟的过程，从而使得估算出具有庞大指数的表达式变得十分简单。关于对数的令人啼笑皆非的局面在于，发明它的初衷是为了让事情变得容易，而学习数学的学生常常认为它在使事情变得困难。在我看来这就是一条明证，说明学校在数学教学过程中很少关注对数知识是如何以及为何成为数学的组成部分的。

此 $2^{5/2}$ 理当比 2^2（等于 4）大而比 2^3（等于 8）小。别忘了，一个大于 1 的数所带的指数越大，所得的结果就越大。于是，$2^{5/2}$ 就应该等于一个在 4 到 8 之间的数。我的计算器给出了 $2^{5/2}$ 约等于 5.66。

现在回来讨论 e^x 这个小小的函数为何竟如此特殊。

微积分主要关注瞬时变化率。这是相当抽象的说法，因此这里给出一个现实生活中的例子：你去参加一场会议快要迟到了，因此在公路上快速行驶，几乎没有去注意车速限制。突然，你发现前方有一位手持雷达测速仪的警察。就在他瞄准你的汽车之前，你开始拼命减速。在他做记录的那一精确瞬间，你的车速是多少？

这个问题比它乍看起来要复杂。原则上，需要对某一时间点发生的一个变化率（此处发生变化的是你的汽车的位置）进行量化。困难之一在于，要定义“时间上的一点”是什么意思竟然出奇地困难。我们会很自然地认为一个特定的瞬间就类似于数轴上的一个点，但是这就引出了一些问题。例如，当你设法回答下面这个问题时，事情就变得棘手了：时间上的一点（称之为 t_2）有可能**直接**跟在另一个时间点（用 t_1 来表示）之后吗？

答案当然是肯定的，若非如此，时间怎能流逝呢？但是请这样考虑：我们能够确定时间上位于任意的 t_1 和 t_2 之间的一个点。例如，我们可以找到位于下午 1:01 和 1:02 之间的一个时间点，而这只需要简单地选取位于它们之间的时间中点，即下午 1:01:30。同样，我们也可以找到位于我们所选择的任意的 t_1 和 t_2 之间的时间中点，即使 t_1 与 t_2 之间的间隔只有万亿分之一秒。这就说明时间上直接相继的点是不存在的。简而言之，在我们关于时间的直觉中隐藏着一个矛盾。

这个问题的根源在于，当我们使用像“一瞬间”或“一个时间点”之类的措辞时，我们就正在渐渐陷入无限这个令人困惑的领域。这类措辞的直觉意义中所埋植的概念是时钟秒针运动的无限小位移。我们在去往欧拉公式的路上，会到这个“时钟融化”的领域之中顺道访问几次。正如欧拉所发现的，去往他的著名公式之路径直穿过这个领域。

但是，由于此时此刻的论题是微积分，因此我们先轻松地跳过这个领域。事实上，微积分可以描述为一组如杰克般敏捷[1]的诀窍，使我们能直接跳过无限大和无限小，仿佛它们造成的问题并不比简单的算术更令人畏缩不前。我不打算在这里深入讨论这些诀窍的详细内容，这是一次高空飞跃，假如你感兴趣的话，关于微积分的好书和在线入门指南也很多。不过，为了找点儿乐趣，让我们来一次短暂急降，凑近些去看看这类棘手的难题，而微积分就是为了解决它们而发明的。

从我们先前中断的地方继续下去，想象一下就在那位手持雷达测速仪的警察做手势让你停车后的情况。当他走到你的车旁时，你这样说道："哎呀，警官，您用雷达对我测速时，我可根本没有动啊！"

他可能回答说："是啊，说得对。雷达显示你当时的车速是 50，而你刚刚经过的标志写明限速 30。"

你答道："请让我解释。警官，根据您毫无疑问能回忆起来的小学数学知识，每小时英里数的意思就是用英里数去除以小时数，但是你对我测速的那一瞬间所经过的时间是 0 小时。毕竟，瞬间这个词的含义就是如此——在时间上的一点根本没有经过任何时间。于是，要计算我在那一时刻的车速，就必须除以 0。但是，除以 0 是数学法则所严格禁止的。这是一个没有定义的运算。"

你毫无表情地总结道："因此，在你据称测量了我的车速的那一时刻，你是不能为我的车速给定一个数字的。这在法庭上是绝对站不住脚的。要知道，法官们都是很讲究逻辑的，而且他们对于数学法则也是极为尊重的。"

这位警察对此沉思片刻后，向你的关键预设发起了攻击。他愤愤地说："超速者所给出的借口中，这是我听过的最傻的一个。除以 0 丝毫没有错误。"

你取出纸和笔，同时回答道："现在请稍等片刻。假如除以 0 是允许的，

---

[1] "杰克很敏捷"（*Jack be nimble*）是一首英文儿歌，全文为"Jack be nimble, Jack be quick, Jack jump over the candlestick"，意思是"杰克很敏捷，杰克的动作很快，杰克跳过了烛台"。——译注

那么我们所知道的整个数字体系基本上就会烟消云散了。”

“其原因如下：让我们假设，比如说用 1 这个数去除以 0 是可以的。同样根据您毫无疑问能回忆起来的小学数学知识，1 除以 0 就等价于分数$\frac{1}{0}$。”（从这一刻，你开始一边说一边写数字。）“假如允许将$\frac{1}{0}$当作一个数，那么我们就会既有$\frac{1}{0} \times 0 = 1$（正如$\frac{1}{2} \times 2 = 1$），又有$\frac{1}{0} \times 0 = 0$（正如$\frac{1}{2} \times 0 = 0$）。由此所得的结论是，1 和 0 会等于同一个表达式，即$\frac{1}{0} \times 0$，于是它们本身也应相等，或者说 1 = 0。

“现在，就随便选取一个数，比如说 50，并将 1 = 0 的两边都乘以这个数。经过这一运算后，我们仍然会有两个相等的数，这是因为等式的两边会以完全相同的方式发生改变。于是我们就会有 $50 \times 1 = 50 \times 0$，或者说 50 = 0。这明示了你现在可以证明任何数都等于 0——如果允许除以 0 的话，那么就绝不可能绕过这个结论。而这就意味着整个数字体系完全土崩瓦解了！”

“请记住，警官，当我对你现在要如此积极地开出罚单提出质疑时，你将不得不向法官解释，即使每个数都等于 0 也没什么要紧。而正如我刚才向你说明的，这个结论是从你对于整件事的那些初始假设出发，用逻辑推断出来的。而且假如法官相信这些的话，那么我还必须指出，你声称我的行驶速度是每小时 50 英里实际上就等于每小时 0 英里。你自己的证词会表明，当你显然是在摆弄那个雷达测速仪并笨手笨脚地把它搞坏时，我只是把车停在路边而已。”

请不要认为在这出小小的路边喜剧中所刻画的这位警官缺乏才智。两位伟大的数学家——艾萨克·牛顿和戈特弗里德·威廉·莱布尼茨[1]通过发明微积分才搞清楚了如何计算瞬时变化率。正如我在后文中将会解释的，数学家们在那以后又花费了两个世纪的时间，才以一种真正可靠、令人信服的方法系统地阐明了此类计算中所需要的那些技巧。

[1] 戈特弗里德·威廉·莱布尼茨（Gottfried Wilhelm Leibniz，1646—1716），德国哲学家、逻辑学家、数学家和物理学家，他和牛顿先后独立发明了微积分。——译注

因此，假如那位警察曾经学习过微积分（或者也许更好的情况是阅读过本书），那么他就会轻易揭穿你的诓言诈语。事实上，微分学（微积分的两大主要分支之一，另一个分支是积分学）整个都是用来论述如何对那些表示变化的函数进行操作，其目的是为了回答这样的问题："假如一辆汽车在一个停车标志处停下后加速驶离，在 x 秒内前进了 $8x^2$ 英尺，那么在恰好 5 秒后它的瞬时速率是多少？"

对于学习数学的学生而言，不幸的是，将这些计算过程应用于某些函数（实际上是应用于一整批函数）真是令人不快。这种困难可以说是这一科目中最主要的苦恼根源。（顺便说一下，在微积分的两个分支中都出现了这种困难，并且在关注像面积和体积计算之类事情的积分学中尤其成问题），并且这又引导我们看到了 e^x 这个函数的特殊之处：将这些计算过程应用于此函数来计算瞬时变化率，其简单程度会让你放声大笑，这是因为这些计算完全没有改变它。这就意味着涉及 e^x 的微积分问题是典型的不必动脑子的事情。例如，倘若有人告诉你，一辆汽车在加速驶离一个停车标志的过程中，如果它前进的距离可以表示为 e^x，即在出发后的一段短暂时间内，它在 x 秒内前进了 e^x 英尺，那么你就立即知道它在这段时间内的任一时刻（x 时刻）的瞬时速率也会是 e^x（英尺 / 秒）。没有任何其他函数具有这种极度方便使用的性质[1]。（应该先提一下，后文中还会说到这种性质。）

这种性质特别有用的原因在于，有一种极为常见的变化形式可以用基于 e^x 的一些函数来进行模拟。这种变化形式被称为指数式增长（对于那些缩减的现象而言则称为指数式衰减），其中涉及的增长或缩减的速率与任何正在发生增长或缩减的量成正比。病毒的散播是一个例子，它以正比于已感染人数的速率进行传播。其他例子还有：人口增长、钚的放射性衰变及啤酒泡沫的消散。（最后一个例子已在大学层面上经多项研究观察证实。）

[1] 不过，为了精确起见，我还必须补充说明：具有 c 乘以 e^x 这种形式的函数也具有这种性质，其中 c 是一个非零的数。但是，这些只不过是同一个主题的微小变化形式，其关键元素还是 e^x。

对于我们的目标而言，e^x 具有一种更为特殊的性质：它是欧拉公式的中心部分。这个公式的第一项 $e^{i\pi}$ 只不过是将 e^x 中的变量指数用一个不常见的、由两部分构成的常数代替。这个常数就是 $i\pi$，它由一个用 i 乘以 π（这是我们所熟知的与圆有关的圆周率）来表示的数构成。正如我将要解释的，也正如欧拉的卓越证明中给出的，将这类含有 i 的数代入 e^x 中的 x，就有效地赋予了这个函数模仿另一种常见变化形式（各种振荡性变化现象，例如交流电、声波，或者一个荡秋千的小孩的前后摆动）的能力。事实上，假如我采用一种包罗万象的纪录片方式来描述，那么我也许会将欧拉公式的历史概述为这样一个故事：一位伟大的探险家如何艰难地跋涉在这个令人极度震惊的无限领域，从而发现了隐藏在一个熟悉的小小数学表达式中的惊人力量，以及后来的数学家、科学家和工程师们又如何利用它来帮助他们改变世界。

显而易见，e 不同于像 4 和 10 这样适合孩童们的数。不过，这种恒变性并不是 e 所特有的。事实上，数轴上密布着像 e 这样的数，它们的小数表示形式实际上是无限不循环的。这些数被称为无理数。

无理数是指那些不能表示为像 2/3、5/2 或 3/2 这样的分数形式的数。另一种说法是，我们不可能将一个无理数表示为两个整数之间的**比例**。

> 比例常常被明确地表示为 2∶3 这样的形式，但它所表示的与用适当分数表达的具有相同的数值关系。举例来说，假如有一份食谱明确指定糖与面粉的比例是 1∶3，那么它就要求将 1/4 的糖和 3/4 的面粉混合在一起。

显而易见，能够表示为这类比例的数被称为有理数。

这个故事还有一点儿补充。所有可以用分数形式表示的数（有理数）在转化为小数后都属于以下两个类别之一：循环小数和有限小数。分数 1/2 可化为有限小数 0.5，而 1/3 等于 0.33333…，其中的 3 不断重复出现，因此它是一个循环小数。（顺便提一下，我们也可以认为有限小数是结尾由无限多个 0 组成的循环小数。）像 e 这样的无限小数不属于其中任何一个类别，它的小数表示形式像 1/3 一样无限继续下去，但是在小数点之后的那些数字不存在任何模式。无理数的这种无限且无模式继续的性质意味着不可能把它们完全写出来。这还意味着每个无理数都代表了一扇通往无限的大门。

虽然如今无理数已被视为极其令人满意，但是大约 2500 年前，古希腊的数学家们遇到它们时感到惊慌忧虑。人们将这一重大发现归功于毕达哥拉斯（约公元前 580—前 500）的追随者。毕达哥拉斯是一位数学家、哲学家和神秘主义者，他的理念对像柏拉图[1]这样的后世希腊思想家造成了重大的影响。毕达哥拉斯学派的情况大多已消失在时间的迷雾之中。流传下来的大部分关于他们的故事都只不过是他们生活的时代过去几个世纪以后才记录下来的传说。根据这些局外人所写下的故事之一，毕达哥拉斯患有一种豆子恐惧症，而这造成了致命的结果。当他晚年被敌人追杀时，据称他来到了一片种植着豆子的田地，却拒绝进入其中，于是敌人们得以赶上来并割断了他的喉咙。（不过，你可以断定这个故事很可能不是真实的，因为像毕达哥拉斯这么聪明的一个人，当然会意识到他可以用他的一块传说中的金色大腿[2]来收买这些追杀他的人。）

这里最有趣的故事是毕达哥拉斯学派如何发现了某些数字（例如一个边长为 1 的正方形的对角线长度）是不能表示为分数形式的。这就揭示了无理数的存在，尽管希腊数学家们对于这类数字的本质只有一个初步的概念，但是他们认为这些数怪异得可怕。据说使人们注意到这种怪异性质的数学家希帕索斯就被他的毕达哥拉斯学派同伴们淹死，以示惩戒。他所揭露的真相与他们虔诚信仰的正整数及其比例发生了冲突，因为这些正整数和比例看起来像是一个精心打造的宇宙应使用的完美建筑砖块。假如存在着一些与这种图景不能融为一体的数，那么他们的整个世界观就面临着土崩瓦解的威胁。

[1]　柏拉图（Plato，公元前 427—前 347），古希腊哲学家，主要著作有《理想国》《法律篇》等。他的哲学思想对西方哲学产生了巨大的影响。——译注

[2]　关于毕达哥拉斯有许多以讹传讹的传说，比如太阳神阿波罗是他的父亲，他有一条金色的大腿，他会同时出现在几个不同的地方，等等。——译注

关于希帕索斯的奇闻必定被添油加醋，不过看来确实可能的是：当毕达哥拉斯学派偶然发现了通往存在于他们整洁有序的精神世界之中的那个令他们目瞪口呆的无限王国的一个入口时，他们被一种强烈的恐惧镇住了。而在这些无理数引起数学家们的注意之后，他们又花费了远远超过两千年的时间，才在概念上建立起处理这些令人不安的数所需要的工具，从而使它们的爆炸性后果能保持在一个安全的距离之内[1]。

[1] 1872年，德国数学家理查德·戴德金（Richard Dedekind）设计出这样的工具，他的方法粗略地讲起来就是将无理数定义为数轴上各有理数之间的裂缝。更确切地说，他通过将数轴上的有理数元素分成两个集合的“切口”来表征各无理数，其中一个称为A的集合中的所有元素都小于另一个称为B的集合中的所有元素。假如A中不存在最大元素，而B中不存在最小元素，那么这一对集合就表示了一个无理数。如果这看起来深奥难懂的话，则不必担心，需要注意的重要事情是这一方法仅仅基于有理数。（而有理数转而又是由整数构成的，对于这些具有高度完整性的整数，我们有什么理由不喜欢它们呢？）它还使我们能够在不涉及那个令人畏缩的无限的情况下构造出无理数。简而言之，这是一个避难就易的、严密的、小巧的杰作。

第3章

它甚至从每一根烟囱里下来

表示圆的周长与其直径之比的那个数π可能看起来平淡无奇，因为我们对它已如此熟悉。例如，它在3月14日那一天的庆典上就得到广泛的庆祝，人们一边咬着馅饼[1]一边谈论着数学。（这个日期被写成3/14的形式，以显示π的前三位数字，而π约等于3.14159。）尽管π似乎穿越了那些将数学分成各个不同主题领域的种种壁垒，就好像它们并不存在一样，但实际上它就像e一样，近乎怪异之物。

π这个数与e的相似之处还表现为它也是一个无理数，与欧

[1] 馅饼的英文是“pie”，与π的发音相同。——译注

拉同时代的瑞士数学家约翰·朗伯在1761年对此给出了证明。1882年，德国数学家卡尔·路易斯·费迪南德·冯·林德曼证明了π还具有一种更加不寻常的性质：它是一个**超越数**（参见下面方框中的文字），这一类无理数与算术和代数中遇到的整数、分数和其他相对普通的量迥然不同。（e也是一个超越数，法国数学家夏尔·埃尔米特在1873年对此给出了证明。包括欧拉在内的一些数学家在17世纪和18世纪提出了超越数的存在，但是人们并未确实知道存在着任何一个这样的数，直到1844年法国数学家约瑟夫·刘维尔[1]才证明了他构造出来的一组无限复杂的小数是超越数。）

> 超越数的定义是：如果一个数不是任何整系数多项式方程的解，那么这个数就是一个超越数。“多项式方程”这个术语指的是要求学习代数的学生们会解的一类基本方程（即具有x的各整数次幂并乘以常数的方程）。此类方程的一个例子是$x^2-2x-35=0$。这个方程的一个解是7，意即当x用7来代入时，这个方程是成立的。这就说明7不是超越数。我们注意到7也是$x-7=0$，$x^3-343=0$以及其他无穷多个多项式方程的解，同样可以将7排除在超越数之外。一般而言，我们很容易证明基础数学中遇到的那些数都不是超越数，只要设计出一些以它们为解的多项式方程即可。不过，要证明一个给定的数是超越数，则有可能会极其困难。事实上，在我们熟悉的数中只有π和e是超越数。有趣的是，我们知道e^π（e的π次方）也是一个超越数，但是还没有任何人能确定π^e、e^e和π^π是不是超越数。“超越”这个术语指的是这样一个事实：可以成为多项式方程的解的那些数构成了一个“代数”集合，而超越数则在这个集合之外（或者说超越了这个集合）。

不过，关于π最值得注意的事情是它在数学中无处不在，其中包括看起来与圆毫无关系的那些计算。物理学家尤金·维格纳为了突出强调这一点而讲述了一个故事，内容是一位统计学家向他的一位朋友展示一些含有

[1] 关于π、e是无理数和超越数的证明以及刘维尔数，可参考冯承天所著的《从代数基本定理到超越数——一段经典数学的奇幻之旅》，华东师范大学出版社，2017。——译注

π 的方程，这些方程是常规用来分析人口变化趋势的。这位朋友在注意到这些方程中的 π 后惊呼道："嘿，现在你的玩笑开得太过分了，人口肯定与圆的周长毫无关系。"

19 世纪的数学家和逻辑学家奥古斯都·德摩根曾经若有所思地说道："这个神秘的 3.14159…从每一扇门、每一扇窗进来，甚至从每一根烟囱里下来。"他也许还会补充说，一旦它设法潜入一个房间，而里面有一位数学家正在写写算算，那么它还会想要偷偷溜到一页写有等式的纸上，它似乎并没有权力待在那里，但是它随后就面带着柴郡猫[1]似的微笑一动不动地待在那里了。

举例来说，在 1671 年，苏格兰数学家詹姆斯·格雷戈里发现了一个令人惊讶的等式，π 似乎是在他摆弄无限相加求和之时默默地溜进了这个等式。这个等式表明，当具有相继奇整数分母的分数以 $1 - 1/3 + 1/5 - 1/7 + 1/9 - 1/11 + \cdots$ 这样简单明确的方式组合起来时（其中符号"…"用来表示这种交替加减分数的模式要无限继续下去），那么其总和就恰好等于 π 的 1/4，或写成 π/4。（在数学中，这类由相似的分数相加而成的无限组合称为级数。如今的数学家们会说，这个级数的极限是 π/4。）3 年后，共同发明了微积分的那位德国数学家莱布尼茨独立做出了同样的发现。历史学家们认为，这一惊人数学事实的第一位发现者是一位生活在 14 世纪或 15 世纪的印度数学家。

证明这一无限分数之和等于 π/4 需要用到三角学。三角学与圆有着很大的关系，这一点我稍后会向你说明。这说明无限和与圆之间存在着一种联系，而这又转而使 π 与这种求和之间存在着联系的这种可能性至少在某种程度上看来是有道理的。数学中充满了这样令人意外的联系，而这正是它最大的吸引力之一。事实上，有一种说法认为对于阴谋论者而言，数学是最理想的科目，因为当其中出现一个出乎意料的联系时，那就很有可能正在发生某件需

[1]　柴郡猫（Cheshire Cat）是英国作家路易斯·卡罗尔的童话《爱丽丝梦游仙境》中的一只咧着嘴笑的猫，拥有能凭空出现或消失的能力，即使在消失后，它的笑容还挂在半空中。——译注

要解释的事情。（我没能确定是谁首先做出了如此妙趣横生的评论，但是这一点评值得复述。不过，我所认识的数学家们可比典型的阴谋论者要聪明得多。）

虽然格雷戈里的无限和与π之间的联系可以通过一种相当复杂的数学证明来予以解释，不过初看起来它无论如何是不明显的。前面所示的那排简单的、看似单纯的分数是完全按顺序排列的。假如在一次数学恐惧症恢复训练课中，你把它们一字排开，而这个无限复杂的数之兽似乎又不知从哪里突然跳了出来，冲着你的脸尖叫着——它竟然是一个超越数。顺便说一下，这个超越数不知怎的把自己永远困在圆的结构之中。请想象一下，这时你的感受如何？你会感到惊慌失措，确实也理当如此。

这样的奇异性是当你跨入无限的地带后可能发生的那类事情中的一个例子。在这种情况下，入口是前面所示的一排分数末尾的那 3 个小小的点。在欧拉时代，数学家们尤其喜爱这个入口。他们构造出类似于格雷戈里 – 莱布尼茨的那种无限和，而这些无限和除了其他方面的用途之外，还使他们能够以空前的精度估算出像π和 e 这样的无理数的值。欧拉曾频繁涉足这个无限区域，其中有一次他明示了像 e^x 这样的超越函数可以重新表示为一些无限和。我们会在后文中看到这如何引导他发现了那个著名公式。

不过，在遭遇无限的过程中时时处处都很容易被搞糊涂。请考虑这个问题：$1 - 1 + 1 - 1 + 1 - 1 + \cdots$ 等于什么？如果你把这个无限和写成如下形式：$1 + (-1 + 1) + (-1 + 1) + \cdots$，那么答案显而易见是 1，因为所有的 $(-1 + 1)$ 项都等于 0。插入括号来指定先做哪些运算似乎应该改变不了什么，毕竟 $2 - 3 + 4$ 等于 3，而 $(2 - 3) + 4$ 和 $2 + (-3 + 4)$ 也都等于 3。然而，假如你把这个无限和写成如下形式：$(1 - 1) + (1 - 1) + \cdots$，那么结果似乎就等于 0 了，因为相加的每一项显然都等于 0。

一个原本心智健全的人可能会由此得出结论：$1 = 0$（因为 1 和 0 显然都等于同一个无限和）。正如前一章中所提出的，这是一个会令整个数字体系土崩瓦解的雷管。这个让人脑子转不过弯的级数称为格兰迪级数，这是数学中被再三思忖过的难题。欧拉认为它的和等于 1/2，他那个时候的其他数学家也都这样认为。如今，人们认为它是一个“发散的”级数，意思是说你不能为它的和给定一个值——当你忙着将它的各项加起来时，它会永无止境地在 1 和 0 之间来回游移。

于是就有了这样一个事实：假如你像对待一个数那样去对待无限，并企图用它来做算术运算，那么你很快就会发现自己正在得出一些听起来很古怪的结论，比如“无限加上无限等于无限，因此无限等于它自身的两倍”。（0 也可以启发我们做出同类怪异陈述，因为两个 0 相加等于 0。不过既然 0 没有太大的感觉与之相关，因此推断它是自身的两倍也就没有那么诱人。）根据同样的逻辑，无限也等于它自身的万万亿亿倍。有什么理由要止步于此呢？同样的论证还导出了这样的结论：无限等于它自身的*无限*倍。

你也许从这种极端荒谬之中得出以下结论：假设无限是一个数并不是一个好主意。然而，假如我们坚定地断言不存在这样的数，那么似乎就暗示着 1, 2, 3, …这个序列会在某一刻结束。而这就好像与说“无限是一个等于自身两倍的实体”一样有悖直觉。

当苏格拉底[1]之前的一位古希腊哲学家芝诺[2]提出了一系列关于无限的著名悖论时，关于无限的困惑达到了它在古代的巅峰。我们早已间接遇到过芝诺了——第 2 章中提到的关于时间上的一点的悖论就取自他的那些令人困惑的主题之一。从根本上来说，直到亚里士多德提出一种聪明的方法来思考无限，希腊思想家们对无限感到困惑不解的情况才得以改观，而这种方法在接下去的两千年中占据了统治地位。他提出，无限并不是实际的事物，但是存在着“潜在的无限”，比如说自然数 (1, 2, 3,…)，无限是“在我们的思维

[1]　苏格拉底（Socrates，公元前 469—前 399），古希腊哲学家，被广泛认为是西方哲学的奠基人，他和他的学生柏拉图以及柏拉图的学生亚里士多德（Aristotle，公元前 384—前 322）并称为希腊三哲人。——译注

[2]　芝诺（Zeno，约公元前 490—前 430），古希腊数学家、哲学家，他提出了一系列关于运动不可分性的哲学悖论。——译注

中永不耗尽的事物”。

亚里士多德的论点并没有解决无限所造成的所有问题，也没有终结关于它在哲学上的小题大做。不过，他的这种聪明的概念化思考方式让人们踮着脚尖绕过了无限而不会感到六神无主。我们可以将他的论点概括如下：“无限在某种程度上是存在的，但又不完全是这样，因为它是一种虚构的过程，而不是一件真正的事物。”潜在的无限，以及未来的数学家们将会使用的那些相关的、借助于过程的概念（比如说接近一个极限）都建立在亚里士多德所铺设的这种概念的基础之上。

不过，随着 17 世纪初微积分的出现，数学中又出现了一组关于无限的新难题。微积分使我们有可能去量化瞬时变化率，而其中的那些函数操作过程的表达方式是将一些趋近于零的很小的数引入计算，这些数被称为微元。这些如同灰尘一般微小的数被认为是极小的、有限的量，然而当在计算过程中能带来方便时，它们就只是被当作 0 来处理。牛顿将它们称为正在消失的量。对于突出强调它们的暧昧性质而言，这真是一个令人遗憾的术语——它令这些量听起来好像是魔术中使用的小道具。圣公会主教、哲学家乔治·贝克莱很出名地冷嘲热讽过这种在那个时代的新数学的实质中所隐含着的矛盾。他指出：“（微元）既不是有限的量，也不是无限小的量，又不是一无所有。我们难道不可以将它们称为那些已死去的量的鬼魂吗？”

19 世纪初，数学家们严格地重新阐述了微积分的基础，从而根除了这些令人不安的数学幽灵。不过在 19 世纪末，德国数学家格奥尔格·康托尔率先提出了一种看待无限的方式，这种方式摒弃了亚里士多德的那种“各位，这并不确实是真的”的方法，并迫使数学家们去再次勇敢地面对关于无限的那些令人心绪不宁的问题。康托尔使用集合论的语言来表达他的这些新理念，而集合论关注的是正整数、从 0 到 1 之间的所有分数、无理数之类的群组。他提出，这样的集合具有真实的而不仅仅是潜在的无限。

康托尔高高兴兴地接受了像“无限 + 无限 = 无限”这样看起来很奇怪的算术命题。不过，他的理论中最令人吃惊的内涵则是关于无限集的相对大小——他证明了有一些这样的集合实际上比其他此类集合要大。例如，他证明了无理数比有理数有着更高的无限程度。事实上，根据康托尔的理论，存在着无限多种无限的等级。

这是极其异乎寻常的说法，因此康托尔同时代的许多著名人物都将其视为胡言乱语而唯恐避之不及。例如，法国数学家儒勒·昂利·庞加莱就曾宣称康托尔的理论是一种会传染给数学家们的“严重疾病”。不过，康托尔也有一些捍卫者。他最杰出的支持者可能要数伟大的德国数学家大卫·希尔伯特了。后者在 1926 年做出了著名的断言：“永远没有人会驱赶我们”离开康托尔的无限理论所创造的“天堂”。可叹的是，康托尔的忧郁症反复发作，在希尔伯特提出这条响当当的宣言的 8 年前，他在一家精神病院中去世。我们不清楚康托尔所承担的这些指责是否加剧了他日益恶化的精神不稳定状况，不过这些指责至少起到了间接作用。这是当那些著名数学家认为他的想法荒谬不已而弃之如敝履时，他所面对的压力。

然而，无限还是吸引着古往今来的数学家们，就像火焰对飞蛾的吸引力一样。或者我也许应该说，就像遥远的微弱火光对徒步夜行者的吸引力一样。哲学家们被无限吸引，是由于它作为辩论的主题是一个无穷无尽的源泉。数学家们则不同于此，他们主要将无限视为一种解决实际问题的、高度有用的概念工具（虽然用起来有几分棘手）。这就是为什么它的符号 ∞ 在微积分以及数学的其他各领域中无所不在的原因。∞ 有时也被称为“懒惰的 8”，是英国数学家约翰·沃利斯在 1655 年开始推行的。正如前文中曾提到过的，欧拉借助无限取得了他的许多里程碑式的进展，其中包括推导出成为欧拉公式源头的那个一般方程。

简而言之，无限就像是一条巨龙，我们知道它会令那些敢于死死盯住它的人发疯，但我们也知道它依靠在乡间环游并受雇于农民们去拉动他们的耕犁而过着诚实的生活[1]。（这是关于它的另一个悖论。）

[1]　这个比喻是比尔·皮特（Bill Peet）在他的那本讨人喜欢的童书经典《巨龙德鲁弗斯是如何失去他的头颅的》（*How Droofus the Dragon Lost His Head*）中提出的。

不过，让我们回来讨论 π 以及它那令人着迷的历史。如果你的时间紧张的话，那么这里有一句话的概括：π 的故事极其令人啼笑皆非，它讲述的是一位又一位思考者前赴后继地试图确定一个数的大小，而这个数是根本算不清的（因为它是一个无理数）。

我们现在称为 π 的这个数几千年来一直深深地吸引着人们，对它的研究是数学中最古老的研究课题，主要原因当然是用它来计算圆的周长非常方便。例如，假如你想要知道需要制作一条多长的金属带才能包住一个马车轮子，那么你就可以简单地用一把尺子测量出这个轮子的直径，然后将所得长度乘以 π。

我们不知道谁首先认识到这样一个事实：将无论大小如何的任意圆的直径乘以一个稍大于 3 的数，就可以给出这个圆的周长。这至少可以追溯到大约 4000 年之前，即古埃及人和古巴比伦人的时代。不过，使用希腊字母 π 来表示这个数直到 1750 年左右才变成一种标准做法，当时欧拉认可了这个符号。

在人们逐渐理解单单一个数就可以普遍地应用于与圆相关的计算之后，很可能过不了多久，他们就开始试图将它表示为两个整数之比——一个分数[1]。确定 π 值的漫长求索就此开始。

由于像 π 这样的无理数是不可能表示为分数的，因此要寻求一个等于 π 的分数也就永远不可能获得成功。然而，古代数学家们并不知道这一点。正如上文中提到的，直到 18 世纪 π 才被证明是一个无理数。不过，他们的努力也并非徒劳。在热心追求他们的这项注定失败的事业的同时，他们不仅得到了 π 的令人称奇的精确近似值，还开发出了许多有趣的数学知识。

古希腊数学家阿基米德[2]给出了最接近的早期近似值之一。他的方法是

---

[1] 将 π 近似表示为像 3.14159 这样的小数形式在古时候还是遥不可及的事。我们现代使用的小数表示形式源自印度，并由阿拉伯数学家传到西方，到 16 世纪才在欧洲立足。

[2] 阿基米德（Archimedes，公元前 287—前 212），古希腊数学家、物理学家、工程师、天文学家、静态力学和流体静力学的奠基人，他的研究对数学和物理学产生了深远影响。——译注

利用一些边数很多以至于接近圆形的正多边形（各边相等的多边形，比如说停车标志所用的正八边形）。计算出一个有许多条边的正多边形的周长，然后将该值除以一条通过其中心的、类似直径的直线，结果就得到了 π 的一个近似值。阿基米德利用一个有 96 条边的正多边形，通过这种方式明示了 π 比 22/7 略小一点点，那些略逊于他的先贤们长期以来一直把这个分数值误认为是 π 的精确值。

中国数学家祖冲之在公元 5 世纪时超越了阿基米德，他将 π 近似为 355/113——与这个分数等价的小数精度达到了小数点后第六位。我们不清楚他是如何获得这一异常精确的近似值的，不过历史学家们认为他的计算基于一个有 24576 条边的假想的正多边形。无论如何，他的计算过程至少可以说必定是一丝不苟的。此后数学家们花费了大约 1000 年的时间才求出了一个更加精确的值。

17 世纪初，π 的追逐者们抛弃了多边形方法，转而开始利用格雷戈里和莱布尼茨发现的那种无限和。数学家们最终发现了一大批可以用来计算 π 的近似值的绝佳无限和。其中有些远远优于格雷戈里 – 莱布尼茨的式子，因为只需要利用它们的较少几项，就可以得出一个接近的近似值。在那些最优雅的、惊人简单的无限和中，有一个是欧拉在快 30 岁时确立的：

$$\pi^2/6 = 1/1^2 + 1/2^2 + 1/3^2 + 1/4^2 + \cdots$$

这个式子甚至比格雷戈里 – 莱布尼茨的那个更加令人震惊，它揭示出 π 与正整数 1, 2, 3, …之间存在着一种惊人的关联。在欧拉得出这个式子之前，包括莱布尼茨在内的好几位数学家都曾尝试去弄清楚所有这些相似的分数加起来会等于什么，但是都没有获得成功。这个问题是由意大利数学家彼得罗·门戈利在 1644 年首先提出的。如果你从左端开始将它们相加，那么你很快就会发现其总和似乎在 1 和 2 之间。如果你将足够多的项加起来，那么你就可以确定它们的和在 1.64 附近。不过，18 世纪的数学家对这样的近似并不满意，他们想要知道它们的和*精确*地等于哪个数。

这个被称为巴塞尔问题（根据瑞士巴塞尔市命名）的难题被认为是当时

数学中最重大的问题之一。因此，当年轻的欧拉震惊世人地证明了这个神秘的数精确等于 $\pi^2/6$ 后，他在国际上一举成名。他也为 π 的那种潜入窗户、下到烟囱里的离奇能力提供了真正振聋发聩的证据[1]。

即使在欧拉诞生之前，寻求 π 的更精确近似值对于提高现实世界中的计算就已经不再重要了，而是变成了一种耀武扬威式的竞赛。到 17 世纪初，数学家们已经做到了用机械呆板的方法算出 π 的精确到 35 位数字的近似值，这远远超过了任何实际的需要。只需要 39 位，你就可以计算出可观测宇宙的周长，其精度在一个氢原子直径范围之内。

19 世纪意志最坚定的 π 的追逐者之一是英国业余数学家威廉・尚克斯。他在 1873 年计算出 π 的前 707 位，因而小有名气。他开设了一所寄宿学校，有充裕的空闲时间去追求他的业余爱好。据说他花费了许多早晨去计算 π 的各位数字，而他的下午则用来复核他早上的工作。在经过近 20 年的努力之后，他记录下了第 707 位数字，然后就转移到其他计算上去了。后来他自豪地评论道："是否还会有其他任何数学家出现，他拥有足够的闲暇时间、耐心和计算天赋去计算出更高精度的 [π] 值，我们还得拭目以待。"

可怜的老比尔[2]。尚克斯在追逐 π 的道路上后继有人，而其中之一在 1944 年发现他在小数点后第 528 位上犯了一个错误，这就意味着他后面的各位数字也全是错的。这就表明他近 20 年的努力中的四分之一多就打水漂了。如今，他在很大程度上是因此差错而被记住的。

在计算机的帮助下，现代的 π 狩猎者们将这一追求提高到了真正不可思

---

[1] 请暂停片刻，先来思考一下以下这些问题：这个式子中的 π 隐隐指向了圆，那么圆与每个学童都知道的自然数之间存在着什么联系呢？我们如何将 π 作为一个无理数的无限数值随机性与这个无限和的有完美规律的模式协调起来呢？（π^2 也是一个无理数，π^2 的 1/6 也是。）在仔细钻研了欧拉如何解答贝塞尔问题的过程之后，我仍然想不出给这些谜题一个令人满意的答案，也就是从直觉上足够有说服力的解释，它们就像 2 + 2 = 4 的真实性那样令我心悦诚服。这并不是说我感到确实困惑不解，欧拉的这种聪明绝伦的解答十分有道理。但是我发现自己对他的结果有一种不止息的惊异，另外还夹杂着这样一种感觉：虽然已经阅读了许多关于 π 的内容，但是我总是一定错过了关于它的某些基本的东西。

[2] 比尔（Bill）是威廉（William）的昵称。——译注

议的精度水平。较为著名的纪录之一是在 1996 年创下的，当时住在纽约市的格雷戈里·楚德诺夫斯基和戴维·楚德诺夫斯基这对聪明异常的兄弟在他们位于曼哈顿区的公寓中装配起一台自制的超级计算机，并用它洋洋洒洒地计算出 π 的近 90 亿位数字。在撰写本书时，据说这个痴迷 π 的部落已经设法确定了几万亿位数字。这说明一旦你被某件无限的事情迷住了，那么你就根本停不下来。

第4章

游移在存在与不存在之间的数

有些数（比如π和e）是以它们的效用为特征的，而另一些数（比如5）的突出之处在于与现实世界中的事物明显相对应。假如你想不出一个例子的话，请举手。还有一些其他的数则因为具有一些独特的性质而值得注意，例如6是最小的“完美数”，即一个等于其各因数（不包括这个数本身）之和的正整数。（对于6而言，这些因数是1，2，3。）但i这个数由于一种显然不同的原因而具有其特殊性——它是数学版的丑小鸭。正如我们将会看到的，它在早期阶段被视为一个奇形怪状的、不合规矩的数，顽固地在数学中徘徊逗留，无论如何都躲不开它，而欧拉对于终结它的这一不宁的阶段起到了关键作用。

如今，我们很容易看出 i 之美，除了其他方面之外，还由于它在最美数学方程中的显著地位。这样看来，它曾经一度被视为像一只蹒跚的丑小鸭也许会显得奇怪。实际上，它的定义简单朴素，而这就暗示着其含蓄的优雅：i 就是 −1 的**平方根**。不过，与数学中的许多定义一样，i 也具有挑拨性的内涵，而其中使它在数学中成为明星的那些特征要直到它登场以后很久才显现出来。

> 一个数（我们称之为 x）的平方根指的是一个自乘后就等于 x 的数。例如，4 的平方根是 2。确切地说，2 是 4 的“主”平方根，还有另一个平方根是 −2，这反映了这样一个事实：两个负数相乘的结果是正数。

有一个内涵是，关于 i 的那些曾经令数学家们焦躁不安的事物都不仅限于一个单独的数。这是因为由 i 发源出了实际上是无限多件相似的（一度）令人焦躁不安的事物——虚数，其中每一个都对应于一个实数（参见下面方框中的文字）。例如，虚数 i 或 1 × i 对应的是实数 1，而虚数 −i 或 −1 × i 对应的是实数 −1。假如你将 4 个 i 加在一起，你就会得到 i + i + i + i 或 4 × i，通常写成 4i。这个数对应的当然是实数 4。（你可以将它称为“−1 的平方根的 4 倍”，不过使用符号 i 来表示更加容易——4i 用英文念起来就像是“四眼”(four eye)）。

> 实数是指位于我们所熟悉的数轴上的数。因此，实数包括正负整数、零、分数（这些数也统称为有理数，其中包括整数）和无理数（其中包括无理数的一个具有迷人名字的子集——超越数）。

一切虚数都具有与 4i 相同的形式，每个虚数都由一个实数乘以 i 构成，从而形成该实数的虚数形式。本书中具有特殊趣味的一个虚数是 π 乘以 i（将它写成 πi 或 iπ 均可），即对应于 π 的虚数，它是欧拉公式中的指数。

不过，你现在也许会自问：虚数究竟是什么，e 的虚数次方又究竟可能是什么意思？本章关注的是数学家们长期以来为了回答这两个问题中的第一个而做出的努力。后文中我们会讨论第二个问题，那个问题启发欧拉做出了指数概念在数学史上最根本的扩展。此刻只需要说一点就足够了：给一个数加上一个虚指数，结果会对它产生惊人的效果，差不多就像一只青蛙被一根标准配置的魔杖触碰一下后发生的事情。

在 18 世纪之前，虚数似乎包揽了数学中的所有丑陋。意大利数学家杰罗拉莫·卡尔达诺声称，只是用它们来做基本的算术，就会令思维健全的人遭受“脑力折磨”。这是因为当时一般认为“−1 的平方根”这一术语接近于有悖常理而又令人费解的说辞。一则，−1 的平方根并不对应于一个人们熟悉的真实世界中的量，而不像（比如）2 对应于两壶麦芽酒，或者 4 对应于一个边长为 2 英尺的正方形的面积那样。负数所造成的困境，就如同虚数对文艺复兴时期的数学家们所造成的困境，它们似乎不对应于那些与实体或几何图形相关的量。不过，事实证明它们所带来的概念上的挑战还不如虚数。例如，我们可以将负数视为金融债务，而这就为我们理解它们提供了一种易于领会的方法。

不过，关于 i 及其家族还有另一件令人不安的事情，那就是它们不遵守我们所熟悉的那些算术法则。假如你将一个整数（比如 3）自乘（也就是计算它的平方），那么结果总会是一个正数，在本例中是正的 9。负的 3，或者写成 −3，也是如此，计算它的平方，你得到的是正的 9。然而，当你计算 −1 的平方根的平方时，根据定义，你得到的必定是一个负数。这是由于 i 被定义为 −1 的平方根，因此当你将它自乘时，你最终得到的结果毫无疑问是 −1，更简洁地表示出来就是 $i^2 = -1$。

这种奇特的算术运算伴随着所有的虚数而出现。举例来说，$(4i)^2$ 是 $(4 \times i) \times (4 \times i)$ 的速记形式（澄清一下，这里的“×”表示乘法），它（根据乘法交换律和结合律重新整理各项后）必定等于 $4 \times 4 \times i \times i$，或者 $16 \times i^2$，或者 $16 \times (-1)$，也就是 −16。交换律表明 $a \times b = b \times a$，而这就意味着当你将两数相乘时，它们的顺序如何并没有关系。例如，这条定律意味着 πi 与 iπ 是同一个数。结合律指明了 $(a \times b) \times c = a \times (b \times c)$，而这就意味着你将乘数如何分组或者你先将哪两个数相乘都没有关系。

将正的 4i 与正的 4i 相乘，结果会得到负的 16，这一事实看起来就好像在说，我的朋友的朋友是我的敌人[1]。这又使人联想到，假如 i 及其子嗣在数字世界中被授予合法地位的话，就可能发生不好的事情。实数总是友善地对待朋友的朋友，而这些带有 i 的东西则不同，它们显然会受到嫉妒疯狂发作的支配，从而导致它们将那些与它们的朋友亲近的数视为威胁。这可能会造成数字世界中普遍的礼崩乐坏。

数学家们当然对于数字之间的这种“意见不合”并不担心（事实上，我得承认我摒弃“意见不合”这一观念表现出我对这种比喻上的说法有一种不够认真的过度反应。）不过，我们在此处不难用数学家们确实关心的那种方式来确切地阐述潜藏在这种古怪现象之下的问题。例如，假设 i 确实是一个数，那就让我们来设法搞清楚它应该在数轴（这个看起来似乎包容一切数的家园）上的何处存身。（甚至连奇异的超越数也栖息在数轴上。）我们无法将 i 放置在位于 0 左侧的负数之中，因为所有这些数自乘后都得到正数。它不可能是经过伪装后的 0，因为 0 乘以 0 等于 0，而不是 −1。它也不可能置身于 0 右边的正数之间，因为它们自乘后也都得到正数。因此，如果我们假设 i 及其族类确实是数，那么似乎就必须确信存在这一根新的、为此目的量身定制的数轴，这根数轴上全是奇特的、类似于数的实体，而这些实体对于计数或度量事物完全没有用处。何必操这份心呢？

诚然，18 世纪以前的数学家们已经知道，作为某些代数题目的解，虚数是必定会出现的[2]。但是在很长的一段时间里，这类题目被简单地作为无解而不予考虑，这意味着虚数当时在数学中没有立足之地。它们根本就不是昔时的数学家们能够问心无愧地推荐给人们用来计数和度量的一种完好的、忠实

[1]　我在这里指的是一个有时用来教小学生们的诀窍：将负数看成敌人，而将正数看成朋友。目的是帮助他们记住，负数乘以其他数（比如 -2×3），结果会得到正数还是负数。这样，将一个负数（比如 −2）和一个正数（比如 3）相乘，就被想象成“我的敌人的朋友”，他当然也是我的敌人，或者说是一个负数。由此得出结论：−2 乘以 3 等于 −6。

[2]　举一道这样的题目为例，解出方程 $x^2+1=0$ 中的 x。你也许忍不住想要尝试用 1 来作为 x 的解，但这并不成功，因为 $1^2+1=(1\times1)+1=1+1=2$，而 2 明显不等于 0。用 −1 来代替 x 也不成功：$(-1)^2+1=(-1\times-1)+1=1+1=2$。然而，i 效验如神：$i^2+1=-1+1=0$。

可靠的数。

不过，这些奇异的数字异己分子还是在继续出现并纠缠着数学移民局的官员们。最值得注意的是，它们以一种无法忽视的方式介入了所谓三次方程的解答之中。

三次方程中包括一个变量（比如说 x）的 3 次幂，即有一个指数为 3，但不出现 x 的任何更高次幂的方程。举一个例子：$x^3 - 15x - 4 = 0$。要解出此类方程中的 x，通常都会相当困难，在 16 世纪以前实际上经常是无法解出的。文艺复兴时期的数学家们将找到一种保证能成功的方法来解三次方程视为当时的巨大挑战之一。

16 世纪初，卡尔达诺及其他一些意大利数学家解决了这个问题[1]，他们发明了一种具有独创性的算法（一种如同食谱一般按部就班的过程），基于三次方程中的各个常数来炮制出方程的解。不过，这种算法有点儿可疑，因为它常常给出嵌有虚数的解。（三次方程通常都具有三个不同的解，这就意味着对于 x 的三个不同的值，它们都成立。经常出现的情况是其中的两个解含有虚数。）这些看起来很奇怪的解一开始被视为毫无价值。

但是，另一位意大利数学家拉斐尔·邦贝利在 1570 年左右发现了一件很酷但又令人不安的事情。他没有丢弃一个三次方程的含有虚数的解，而是用一些标准代数技巧来推敲这个解，结果显示它实际上是一个披着伪装的实数[2]。

假如你感兴趣的话，这个方程就是上文提到的那个 $x^3 - 15x - 4 = 0$，而那个经过伪装的实数解是 4。（经过这么长时间以后，4 依然是这个方程的解，你只要将这个数代入 x 就很容易验证。）出乎所有人意料的是，他发现此方程的解的复杂表达式就等于 4，而这个表达式中明明包含着 −121 的平方根，

[1] 可参考冯承天所著的《从一元一次方程到伽罗瓦理论》，华东师范大学出版社，2012。——译注

[2] 可参考冯承天所著的《从求解多项式方程到阿贝尔不可能性定理——细说五次方程无求根公式》，华东师范大学出版社，2014。——译注

它相当于 121 的平方根（或者说就是 11）乘以 i。

邦贝利的发现表明，为了找出这类隐藏的实数解，有必要将表面上看来毫无意义的那些基于虚数的解答当作合法的数来对待。这就意味着虚数再也不能被轻蔑地扔进猪食槽了。但是数学家们对它们仍然感到不舒服。事实上，他们拥有三次方程的解答公式时，感觉就像是开拓进取的钟表匠搞清楚了如何制造出一座计时精准的时钟。然而，这座时钟显然被恶鬼缠身，因为有时候它不是在准点鸣响，而是会发出阴森可怕的尖叫声。人们已经习惯在发生这样的事情时捂住耳朵，直到有一位特别聪明的钟表匠发现这些尖叫的次数表明了当时的钟点，因此即使当这座时钟被藏匿在地牢中时，也可以用它来报时。然而，有些人在听它尖叫时仍然觉得毛骨悚然。

最后，数学家们尽管仍然认为虚数很奇怪，但是终于比较适应它们了。1702 年，莱布尼茨愉快地评论道："虚数是精美而奇妙的神圣智慧的来源，它几乎是一种游移在存在与不存在之间的两栖动物。"

数十年后，甚至连欧拉也在确定它们的基本性质时遇到了困难，因为正如前文提到过的，与我们比较熟悉的那些数不同的是，它们既不对应于物理量，也不容易把它们想象成几何物体。欧拉本质上相当于举手投降了，因此写道：它们是"不可能的"数，并且"仅存在于想象之中"。

虚数最终失去它们的那种不可能的神态是在 19 世纪，当时的数学家们意识到，它们实际上是完全普通、守法的数字存在——只不过它们来自一个不同的维度。我们稍后会谈到这一点。

第 5 章

大师的肖像

欧拉能够为一整类曾被人们认为像火蜥蜴那样令人不安的数有效地赋予合法地位，这个事实就显示了他在数学中的巨大影响力。他甚至还将虚数转变成了吸引人的小玩具。是什么令他具有如此的影响力？（没错，他确实是一位天才，但是历史上出现过许多数学天才，而他们都比不上他在数学中的重要性。）让我们暂时偏离一下我们目前游历的主线，更清楚地看看这位光辉夺目的人物。

我最喜欢的一段对欧拉的描写来自迪厄多内·迪保尔特，这位法国语言学家遇见的是中年时期的欧拉，他说："他的膝上坐着一个小孩，背上趴着一只猫，这就是他写出他的那些不朽著作时的状态。”欧拉喜欢陪着他的孩子们去看牵线木偶表演，据说他在那里与孩子们一起因为木偶的滑稽动作而朗声大笑。他喜欢和他的儿孙们说笑打趣，并教他们关于数学和科学的知识。他还喜欢带他们去动物园，那里吸引他的是熊——他喜欢注视着小熊们玩耍。他喜欢有来访者顺道拜访，谈论普天之下的种种事情，并随场合之需很娴熟地从深入的技术讨论切换到随意的交谈。我猜想猫通常都会在他面前发出咕噜咕噜的叫声。

欧拉（见图 5.1）出生于 1707 年，他的父亲是一位瑞士牧师。若不是十几岁时在巴塞尔大学迷上了数学，他似乎很可能会亦步亦趋地追随着父亲的脚步投身神学。这总的来说是一所普普通通的学校，但幸运的是当时世界上最伟大的数学家之一约翰·伯努利[1]在那里授课。在欧拉的天赋引起了伯努利的注意后，他就将这位年轻人置于自己强大的羽翼之下，每个星期六下午为他专门辅导。伯努利给欧拉布置越来越难的题目让他自己计算，而周六下午的时段则保留下来，用于解答这位学生感到困难的那些题目。但是过了一段时间后，正如数学家威廉·邓纳姆所说：“倒是伯努利越来越像是变成了学生。”在这位资深数学家开始辅导欧拉几年之后，他在信中用一个拉丁语短语来称呼这位年轻的学生，这个短语可以翻译为“数学界中最著名、最博学的人”。应该指出的是，伯努利并不是一个谦恭的人，也不喜欢讲俏皮话。

欧拉在 19 岁那年赢得了公众的认可，当时他首次参加由巴黎科学院主办的年度国际竞赛。这一年的挑战是要确定使船舶上的桅杆获得风的最大助推力的放置方法。欧拉递交的答案获得了并列第二，对于一位与欧洲顶级数学家和科学家对抗的十几岁少年而言这已经不错了。（而且这位瑞士年轻人以前甚至从未见过大型帆船。）

[1]　约翰·伯努利（Johann Bernoulli，1667—1748），瑞士数学家、物理学家，在微积分、天体力学、流体力学等方面做出了重要贡献。伯努利家族共产生过 11 位数学家。——译注

图 5.1

欧拉的学识兼具广博和精深，他在数学的几乎每一个领域中都取得了创新性的大进展，如数论、微积分、几何学、概率论，凡是你能想到的无所不包。20 世纪的法国数学家安德烈·韦伊惊叹道，他的“头脑中似乎装载着他那个时代的全部数学”。他还开创了一些新的数学领域。

他的广博在一定程度上反映了他的惊人记忆力。即使在晚年，欧拉仍然能够凭记忆将维吉尔的《埃涅伊德》[1] 轻易背诵出 9500 多行。他通晓 5 种语言：拉丁语、俄语、德语、法语和英语。据说他能一口气背出 1 到 100 之间的任何数的 1 至 6 次幂。（如果你想要自己掌握这种技巧的话，以下是你需要知道的关于这 600 个数的一个开始：$99^1=99$；$99^2=9801$；$99^3=970299$；$99^4=96059601$；$99^5=9509900499$；$99^6=941480149401$。）

根据历史学家埃里克·坦普尔·贝尔的说法，欧拉显然能在两次叫他吃晚饭之间的半小时内写出一篇开创性的数学论文。贝尔还补充道，他能够这么做的原因是他具有“几乎超自然的洞察力，能看到那些表面上互不相关的公式所揭示出的隐匿小径，而这些小径从 [数学中的] 一个领域通往另一个领域”。

[1] 维吉尔（Virgil，公元前 70—前 19），古罗马诗人。《埃涅伊德》（*Aeneid*）是维吉尔于公元前 29—前 19 年创作的史诗，共 9896 行，分十二卷。——译注

公平地说，欧拉的多产比后世的数学践行者们要容易一些。随着严密性的标准日益提高，他们被迫做得比他更一丝不苟。因此，在经过 18 世纪的大丰收之后，数学各分支中容易采摘到的那些低悬的果实减少了。不过，最近我仔细看了欧拉的好几个里程碑式等式的推导过程，其中也包括他的那个著名的等式。在此期间我不禁想到，就像虚数一样，他必定也是从一个不同的维度来到这里的。正如贝尔所说，他有着一种近乎离奇的天赋，能感觉到那些隐匿小径的存在。或者正如 20 世纪的数学家马克·卡茨曾经说过的："只要你我这样的人比现在聪明许多倍，就不啻为一个普通的天才了。至于其头脑如何运作则没有任何奥秘可言。一旦我们理解了他所做的事情，就会确信我们自己也能做到。然而魔术师般的鬼才们则与众不同，他们思维运作的一切意图和目的都是我们无法理解的。"

本书只能肤浅地扫视一下欧拉的全部成就。不过，让我来提出一种运动上的类比，这是我在仔细考察他的鸿篇巨制中的沧海一粟时所想到的。

欧拉那个时代的数学游戏就如同 20 世纪初的田径比赛，那是运动的一个自由放纵的年代。奥斯卡获奖影片《烈火战车》（*Chariots of Fire*）中对此有着令人难忘的描绘。当时的跑步冠军可能会叼着一根雪茄溜达到比赛起跑线处，若无其事地把雪茄搁在跑道旁，听到发令枪响后立即飞奔而出，轻而易举地取胜后又捡起他的那根还没熄灭的廉价细雪茄，信步走向更衣室。那个时候显然比较容易创纪录，正如 18 世纪比较容易取得数学进展一样。

不过，假如欧拉是一位早期的田径明星，那么他不会只是偶尔赢得一场比赛而已。他会频繁地定期参加田径运动会，双臂中环抱着一个孩子，背上趴着一只猫。他都不用将其放下，就接连赢得了铁饼、链球、铅球、标枪、跳远、跳高、三级跳远、障碍赛跑、100 米短跑、200 米赛跑、400 米赛跑、800 米赛跑、1500 米赛跑和 1 英里赛跑。孩子和猫到这时本该午睡了，但是由于他做起事情来总是带着难以置信的热情，因此他接下去还要穿着卧室拖鞋、戴着眼罩在 5000 米后退跑比赛中创下一项世界纪录，最后破了他自己以前在撑杆跳中创下的世界纪录，不知怎的竟然没有吵醒孩子和猫。

人们认为欧拉是有史以来最伟大的数学讲解者。他撰写了一本经典的代数入门书，这本书被称为继欧几里得的《几何原本》[1] 之后史上最受欢迎的数学书。（顺便说一下，人们认为《几何原本》的印刷频率之高仅次于《圣经》。）欧拉还撰写了几本被广泛使用的关于微积分和运动定律的教科书。他所写的一本关于科学、哲学、音乐理论等主题的入门读本成为 18 世纪的畅销书，即《欧拉写给一位德国公主的论述自然哲学中不同主题的书信》（*Letters of Euler on Different Subjects in Natural Philosophy Addressed to a German Princess*，以下简称《书信》)。由于这本书题献给普鲁士国王腓特烈二世的外甥女、安哈尔特－德绍公国的公主，因此欧拉在某种意义上就成了支持妇女接受技术方面教育的先锋人物。（这本书由书信构成，这是因为普鲁士宫廷在七年战争 [2] 期间逃离柏林时，欧拉曾远程辅导过这位公主。）《书信》中解释了像这样的一些事情：为什么热带地区的山顶上很寒冷，为什么月亮在靠近地平线时看起来比较大，为什么天空是蓝色的。欧拉是用法语来撰写此书的，但是它很快就被翻译成了欧洲其他所有主要语言，并被广泛用于教授基本科学。除了其他人之外，这本书也获得了康德 [3]、歌德 [4] 和叔本华 [5] 的高度评价。

欧拉在 20 多岁时受到感染而导致右眼失明，后来左眼白内障手术又失

[1] 欧几里得（Euclid，约公元前 325 年—前 265 年），古希腊数学家，被称为“几何之父”。他所著的《几何原本》（*Elements*）是世界上最早公理化的数学著作，为欧洲数学奠定了基础。——译注

[2] 七年战争（Seven Years’ War）是 1754—1763 年欧洲各主要强国之间发生的战争，而主要冲突则集中于 1756—1763 年，影响覆盖欧洲、北美洲、中美洲、西非海岸、印度及菲律宾。——译注

[3] 伊曼努尔·康德（Immanuel Kant，1724—1804），德国哲学家、天文学家，德国古典哲学的创始人、星云说的创立者之一。——译注

[4] 约翰·沃尔夫冈·冯·歌德（Johann Wolfgang von Goethe，1749—1832），德国思想家、作家、科学家，代表作有《少年维特之烦恼》（*Die Leiden des jungen Werther*）、《浮士德》（*Faust*）等。——译注

[5] 亚瑟·叔本华（Arthur Schopenhauer，1788—1860），德国哲学家、唯意志主义的开创者，主要研究领域包括形而上学、伦理学、美学、心理学、道德等。——译注

败了，这就使他几乎无法分辨人脸甚至附近的物体。这个巨大的损失并没有使他的工作减缓分毫。事实上，他愉快地谈论道，失去视力使他“又少了一个分心的因素”。在助手们的帮助下，他在生命的最后 17 年中写出了他毕生著作的大半，而这是在他失去大部分视力之后。他始终是足智多谋的，想出了一种锻炼的方法：绕着他书房里的一张大圆桌用手扶着桌边一圈一圈地走。

除了失明以外，他还克服了许多挫折和个人的悲剧。他与妻子卡塔琳娜所生育的 13 个孩子中，只有 5 个长大成人，其中只有 3 个（都是儿子）比他活得长久。在他 64 岁那年，他的房子被烧成平地，毁掉了他的藏书室和一些尚未公开发表的著作。欧拉当时已经接近全盲，被大火困在二楼，直到他的一个名叫彼得·格里姆的瑞士勤杂工涉险爬上一架梯子，然后将他扛在肩膀上救了下来。他相濡以沫 40 年的妻子卡塔琳娜在他 66 岁那年去世了。三年后，他娶了卡塔琳娜同父异母的妹妹（当时寡居），这样他就不必完全依靠他的孩子们。

在欧拉职业生涯的早期，当他在俄国的圣彼得堡科学院安顿下来以后，一股排外情绪的浪潮横扫俄国，因此他基本上被晾在一边。于事无补的还有当时科学院的实际主管人约翰·舒马赫。历史学家克利福德·特鲁斯德尔曾嘲讽道：舒马赫的主要兴趣“在于压制天赋，不给它们在任何地方可能抬头带来麻烦的机会”。

普鲁士国王腓特烈二世利用这一局势，雇用欧拉来为柏林科学院助力。不过，欧拉是一个安静、虔诚、忠于家庭的人，因此腓特烈二世从不认为欧拉是他想为科学院摆设的那种上流社交界的智者。这位国王虽然自命知识渊博，但显然患有不可救药的数学恐惧症。他曾经在一封信中写道：数学“令思维干涸”。每当欧拉在腓特烈二世在场的情况下去剧院时，这位国王就感到十分恼火。众所周知，这位数学家明显不能专注于演出，而是会分心去简要记录下大厅的光线、音效和其他一些可以用数学方法来模拟的对象。

经年累月，欧拉变成了科学院中那些受宠的装点门面的人士开土包子玩笑时的笑柄。比如说伏尔泰就是这些人中的一员，腓特烈二世为了将他从法国诱惑过来而给他开出的薪水是他提议付给欧拉的起薪的 20 倍。由于这位数学家的右眼看不见，因此腓特烈二世在写给伏尔泰的一封信中嘲笑他为“我们伟大的库克罗普斯”[1]。在同一封信中，这位国王还开玩笑说，他愿意用欧拉来交换伏尔泰的伴侣沙特莱侯爵夫人，以此报答伏尔泰。腓特烈二世在一封写给他弟弟的信中评论道：“[像欧拉这样的人是] 有用的……但是在其他方面则毫无才气。他们的用处就像是多利安人[2][原文如此] 的圆柱在建筑中的用处。它们属于底层结构，用来支撑……”

在长达四分之一个世纪中，欧拉确实在柏林科学院的支撑体系中充当着一个至关重要的部分。他监管着它的天文台和植物园，管理着它的资产，负责其日历和地图（这是科学院的主要收入来源）的出版，就国家的彩票、保险、退休金和火炮向政府提供建议，甚至还监理腓特烈二世的避暑行宫中液压管道的运作。但是，他最终受够了这种轻蔑对待，向腓特烈二世请愿，要求允许他从柏林科学院辞职。一开始，这位国王甚至否认收到了这一请求，然而欧拉固执地坚持着。最后他终于获得了自由，当时这位国王发给他一张简略而冷酷的短笺：“根据你 4 月 30 日的信件，我允许你辞职，以便去往俄国。”腓特烈二世显然从未认识到，他赶走的是历史上最伟大的头脑之一。稍后他用别人填补上了欧拉在柏林科学院中的位置，还在一封信中评论道：“这个独眼怪兽已被另一个两眼俱全的人取代了。”（这个双眼怪兽是伟大的意大利裔法国数学家约瑟夫 - 路易・拉格朗日[3]。）

1766 年，欧拉在 59 岁时回到了俄国的圣彼得堡科学院，那里的排外运动已经在叶卡捷琳娜二世统治期间逐渐消退，他在那里度过了不可思议的多产的余生。

---

[1] 库克罗普斯（Cyclops）是希腊神话中的独眼巨人。——译注

[2] 多利安人（Dorian）是古希腊的四个主要部族之一。——译注

[3] 约瑟夫 - 路易・拉格朗日（Joseph-Louis Lagrange，1736—1813），意大利裔法国数学家和天文学家，在数学、物理学和天文等领域都有很多重大贡献。——译注

人们认为在数学史上与欧拉相当的人物只有三位：阿基米德、艾萨克·牛顿和卡尔·弗里德里希·高斯[1]。我发现将这三人的个性与他做一个比较很有意思。这样的比较通常与伟大创造者的成就几乎没有什么关系。不过，这次是一个例外。在我看来，欧拉性格安静、行事公平、为人慷慨，这些对他作为一位数学家和科学家的伟大之处是不可或缺的，他从来不愿意浪费时间和精力去争一日之长短（他的良师益友约翰·伯努利陷入了多场关于技术纠纷的 18 世纪版骂战[2]，而对方是他的哥哥、数学家雅各布·伯努利，甚至还有他自己的儿子丹尼尔·伯努利）。欧拉不会因为有人挑战自己的权威而忧虑（比如牛顿就会），也不会由于害怕可能遭到的质疑而拒绝发表重要发现（比如高斯就是那样的）。

如果人们传说的那些关于阿基米德的故事是真的，那么他的人生真是丰富多彩。据说有一次，当他意识到如何通过将不规则固体浸没在水中来测量它们的体积时，他从浴缸里跳了出来，一边赤身裸体地奔跑着穿过街道，一边高喊着“我发现了”。根据普鲁塔克[3]的记述，当罗马士兵横行于阿基米德生活的锡拉库扎[4]时，这位数学家告诉其中的一名士兵说，他必须先完成某些计算，才能去觐见那位耀武扬威的罗马将军。这名士兵勃然大怒，抽出他的剑当场杀害了这个古代世界最聪明的人。

牛顿是一个孤僻的人，他羞怯、易动怒、爱记仇。当受到挑战或反驳时，他很容易爆发出近乎疯子般的暴怒。他在 19 岁那年编写了一份清单，列出他自己的罪孽，他提出的其中一项是“威胁我的继父和母亲史密斯夫妇，要

[1] 卡尔·弗里德里希·高斯（Carl Friedrich Gauss，1777—1855），德国数学家、物理学家、天文学家、大地测量学家、近代数学奠基者之一，被认为是历史上最重要的数学家之一。——译注

[2] 原文“flame war”是互联网出现后的用语，指互联网上的争论超出了原来的主题，变成了人身攻击或侮辱性语言。——译注

[3] 普鲁塔克（Plutarch，46—120），罗马时代的传记文学家、散文家，传世之作为《希腊罗马名人传》（*Parallel lives*）。——译注

[4] 锡拉库扎是意大利西西里岛上的一座沿海古城。——译注

将他们连同他们的房子一起烧掉”。曾经担任牛顿的助手并且后来接继他担任剑桥大学卢卡斯数学教授的威廉·惠斯顿说道：“牛顿有着我所知道的人之中最胆怯、谨慎和多疑的脾气。”他在担任英国皇家学会主席期间尤其专横，他的观点或指示是完全不允许有人顶撞的（一位科学家具有这样的作风是很古怪的）。

牛顿对于科学家罗伯特·胡克[1]怀有特别强烈的仇恨，胡克曾就光的本质质疑过牛顿的想法。若干年后，借助于他们二人之间的往来书信，牛顿受到启发而想到了关于引力和行星运动的那些概念。后来胡克暗示他在提出这些著名的概念的过程中也发挥了一定的作用，牛顿便在盛怒之下删除了他那本即将出版的《自然哲学的数学原理》（*Philosophiae Naturalis Principia Mathematica*）中所有提及胡克的内容。正如历史学家罗伯特·A. 哈奇所说，牛顿“对于胡克的憎恨是全身心投入的”。

牛顿在他与莱布尼茨之间的那场著名纷争中更是一意孤行，他们争论的是究竟谁应该得到发明微积分的功劳。牛顿首先建立起了微积分的基本概念，但是莱布尼茨独立地提出并率先发表了这些概念。牛顿虽然表面上假装超然，实际上却在幕后暗中监控着他的英国盟友们去攻击莱布尼茨。皇家学会召集起一个判定这一优先权争端的委员会，在他的主持下展开了一场据称公正的调查。这个委员会甚至没有费事去给莱布尼茨一个解释的机会，就宣布支持牛顿，而调查报告还是牛顿自己写的。更有甚者，他随后还为《皇家学会哲学学报》（*Philosophical Transactions of the Royal Society*）写了一篇对该报告的匿名评论，以确保这篇报告引起广泛的注意。由于这场纷争，在接下去的一个世纪中，英国数学家们都出于狭隘的爱国主义而忽视欧洲大陆（莱布尼茨及其主要盟友的所在地）取得的数学进展，从而使他们丧失了在数学中的创新优势。

[1] 罗伯特·胡克（Robert Hooke，1635—1703），英国博物学家、发明家，在物理学、机械制造、天文学和生物学等方面都有贡献。他提出了描述材料弹性的基本定律和万有引力与距离的平方成反比关系。——译注

高斯也同样令人生畏。他不喜欢教学，几乎没有什么朋友。他还因为试图控制儿子尤金的生活而与他疏远了关系。尤金具有语言天赋，因此年少时想要学习语言学，这个选择遭到了他父亲的反对。尤金与朋友们举办了一场宴会，并要求他父亲出资，为此两人发生了口角。当时 19 岁的尤金随后突然远赴美国，再也没有回来。在美国，他学习了苏族语[1]，最终在美国中西部的一家皮草公司工作。

高斯压住了他的许多结论，因为他觉得这些结论不够完美，因此不能发表。不过在其他数学家们独立发现并发表了同样的结果之后，他也不是不愿意让人们知道是他私底下先发现这些结论的。举一个这样的例子，当事人是匈牙利数学家沃尔夫冈·法卡斯·波尔约和他的儿子亚诺什。老波尔约是高斯的朋友，1816 年他问这位著名的德国数学家，是否愿意让当时 14 岁的亚诺什与他同住并成为他的学生。老波尔约负担不起将他的这个有天赋的儿子送去上名牌大学，而高斯本可以为他提供巨大的帮助，但是高斯拒绝了。

尽管如此，亚诺什仍然努力不懈，并且在 20 岁出头时对开创“非欧几何”做出了贡献。一个世纪以后，数学上的这一革命性进展会对爱因斯坦的广义相对论（这种理论表明时空是弯曲的）产生影响。这位对未来满怀希望的年轻人在提出这些新概念时，激动万分地写信给他的父亲：“我自己做出了如此奇妙的发现，以至于我自己都惊叹不已。”他所撰写的一篇关于这些发现的论文公布于 19 世纪 30 年代初，是作为他父亲所著的一本数学书中的附录发表的。沃尔夫冈显然对儿子的研究工作感到自豪，因此寄了一本给高斯。

高斯回信说，夸赞亚诺什的工作“就相当于在夸赞我自己”。意思就是说，亚诺什研究出的一切，他早就发现了。这对亚诺什造成了沉重的打击。不久之后，他的身心健康都发生了恶化。尽管他还在断断续续地研究数学，但是再也没能实现自己早期的愿望，并最终放弃了试图在数学界中赢得承认的理想。他在默默无闻中死去，而他的创新性工作直到 1855 年高斯去世后

[1] 苏族语（Sioux language）是美国和加拿大的苏族人所使用的语言，是五大土著语言之一，使用人数约为 3 万。——译注

才有人理会。高斯关于非欧几何的私人笔记和信件在他去世后出版，从而使这个主题看起来值得数学家们去研究，那时他们才承认了亚诺什的贡献。

高斯对于年轻的天才们并不总是如此不屑一顾。在19世纪初的好几年间，他给最早的杰出女数学家之一、法国的玛丽－索菲·热尔曼寄去鼓励的信件。她在十几岁的少年时期建立起了对数学的热情，但是她的父母劝阻她学习数学——这在当时被认为是不符合淑女身份的。他们甚至拒绝给她温暖的衣物，不给她的卧室生火，以期阻止她在寒冷的夜晚偷偷地研究数学问题。但是有一天早晨，他们发现她在书桌上睡着了，旁边是冻成冰的墨水瓶和一块写满了计算公式的石板。他们的态度终于由此软化了。虽然她被禁止加入法国有抱负的数学家所组成的学派，但是她还是继续在数论和其他领域中做出了开创性的工作[1]。

高斯从未与她会过面，但是在写给她的一封信中，他同情地（也是准确地）写道："一位女性由于她的性别、我们的风俗和偏见，在使她自己通晓[数论中的]那些棘手问题时遭遇到远远多于男性的阻碍，然而她挣脱了这些枷锁，洞察了最为隐匿的东西，那么她无疑有着最可贵的勇气、非凡的才能和出众的天赋。"

高斯本人似乎并没有显示出多少可贵的勇气和非凡的胆识。例如，他在1829年写给朋友的一封信中坦诚，他长期以来将他关于非欧几何的那些结果扣压不发，是因为他害怕由于拥护变革性的新理念而受到攻击。因此，每当他确实公开发表他的那些毫无争论余地的绝妙发现时，他的表述形式常常使其他人很难跟上他的思维过程。英国数学家伊恩·斯图尔特评论道："他将他的那些数学证明改写到这样一种程度，以至于他得到这些结果所经由的

---

[1] 考虑到世世代代以来所有的大门都对女性紧闭，而造诣颇高的女数学家的人数并非十分罕见这件事就很惊人了（而且也具有极大的启发性）。如果列出一张精简的清单的话，其中还会包括亚历山大城的希帕蒂娅（Hypatia）、玛利亚·加埃塔纳·阿涅西（Maria Gaetana Agnesi）、索菲亚·柯瓦列夫斯卡娅（Sofia Kovalevskaya）、爱丽丝·布尔·斯托特（Alice Boole Stott）、朱莉娅·罗宾逊（Julia Robinson）、艾米·诺特（Emmy Noether）和玛丽·露西·卡特莱特（Mary Lucy Cartwright）。

路径被彻底抹去了。”高斯同时代的人并不那么婉转地将他的写作风格称为“稀粥”。

相比之下，欧拉大概是你在天才编年史中有望遇见的最友善、最乐于助人的人。猫和孩子并不是唯一被他吸引的，有记载表明，几乎每个遇到过他的人都觉得他很有魅力。国王腓特烈二世以及觉得关于他的独眼巨人笑话很滑稽的那些人是主要的例外。不过，在欧拉离开普鲁士几年后，他和腓特烈二世有过一次友好的书信往来。当时这位国王对这位数学家撰写的关于如何设立和计算退休金的小册子产生了兴趣，看来欧拉做不到怀恨在心。这倒并不是说他总是温良恭谦。他持有坚定的见解，当他认为同行有错时不惧怕反驳他们。但是在与他们辩论时，他通常总是采用诚恳的说理，而不是尖刻的争吵。

不足为奇，这位伟大的讲解者热爱教学。根据一个故事所说，他在口述他的那本著名的代数教科书时，雇用他的裁缝来做抄写员，于是在此过程中教会了这位裁缝学习基础代数。欧拉的儿子约翰后来注意到，这个人在这次经历以后已经能够解答复杂的代数题了。

1763 年的一天，一个名叫克里斯多夫 · 杰兹勒的瑞士年轻人来到欧拉在柏林的住处。杰兹勒解释说，他希望逐页抄写一份欧拉尚未出版的积分学教科书。原来他在年少时曾渴望成为一名数学家，但是来自家庭的压力迫使他成为了一名皮货商。在他父亲去世后，他最近就将这桩买卖暂时丢开了。欧拉不仅接待了他，还提出帮助他理解他感到部分有困难的内容。杰兹勒成了欧拉家的座上宾，在此期间疯狂地抄写，而他的母亲则向欧拉家寄来樱桃、苹果片和李子（欧拉尤其喜爱李子）。几个月后这个年轻人回家，后来成为一位物理学和数学教授。

欧拉所写的论文中涉及其他数学家的研究时，他会仔细地引用他们的贡献。有时他给其他人的荣誉超过了他们所应得的。有一次，他慷慨地将他进展迅速的关于流体力学（用来处理流体的一个物理学分支）的工作扔到一边，这样他就不会冒险抢了一位朋友的风头。这位朋友是数学家丹尼尔 · 伯努利，即欧拉以前的导师的儿子。欧拉知道他当时正在辛勤撰写一本关于这个主题的重要书籍。（欧拉也很可能还想避开伯努利父子之间混乱不堪的纷争，他们的争吵正是关于究竟是他俩之中的谁首先提出了这一主题的关键概念的。丹尼尔的这位脾气暴躁的父亲因丹尼尔的许多工作而居功自傲，而丹尼尔则因为他们之间的纠葛而陷入极大的痛苦之中，他有一次表示，希望自己当一个补鞋匠，而不是成为一名数学家。）

还有一次，欧拉翻译了一本关于弹道学的书，此书的原作者是英格兰的本杰明·罗宾斯。罗宾斯对于数学和物理学持有一些古怪的看法，而这导致他早先曾对欧拉的一项相关研究发起过一次荒唐的公开攻击。欧拉的译本比原书要出色得多，其中加上了一些评注和修正，结果不仅使这本书比原来的篇幅长了很多，而且变成了一本重要书籍。正如欧拉的一位仰慕者后来所说，对于罗宾斯攻击他的行为，这位伟大的数学家唯一的报复是让这个英国人的书出了名。

欧拉的性情平和、慷慨大方甚至扩及那些与他信仰不同的人。1773 年，法国哲学家德尼·狄德罗应叶卡捷琳娜二世的邀请到圣彼得堡访问数月。狄德罗最为人们所知的是主编了《百科全书》（*Encyclopédie*），这是一部开创性的 28 卷本百科全书，其中涵盖了从数学到音乐再到医药的所有内容。不过这套书最著名的地方是倡导启蒙运动思想，包括向宗教信条提出以推理为基础的挑战。

欧拉是一位虔诚的新教徒，他每天都在家里祈祷，这似乎会造成他和狄德罗之间的冲突。事实上，根据欧拉去世后一个在欧洲广为流传的故事，这位数学家在一次关于上帝存在的公开辩论中令这位来访的法国人感到难堪，他向狄德罗大声说道："先生，$a+b^n/n = x$，因此上帝存在，请回答。"据说狄德罗对数学所知甚少，他被这一荒唐之举惊呆了，而那时观众们哄堂大笑。他深感受辱，很快就回法国去了。

按照历史学家罗纳德·卡林格的说法，根本没有任何证据能说明这个故事是真实的。看起来编造这个故事的似乎是普鲁士国王腓特烈二世或者他宫廷中的某个成员，目的是为了贬损狄德罗，因为狄德罗曾公开批评这位国王的某些军事政策，导致他龙颜大怒。事实上，在狄德罗到达圣彼得堡后不久，欧拉曾将他引荐到俄国科学院担任“外籍会员”，后来还主持了就职典礼。狄德罗的回应是给科学院寄来了一封信，其中写道：“我会欣然地用我所创造的一切来交换欧拉先生的一页作品。”与那个恶意诋毁的故事相反，狄德罗精通数学，而且显然视欧拉为当时的中流砥柱之一。而从欧拉这方面来说，他实在是一个太和蔼的人，不可能公开攻击这位来访的学者。

在说到欧拉的名言中，被复述最多的当属法国数学家皮埃尔·西蒙·拉普拉斯所说的话，他建议数学家同道们“读读欧拉，读读欧拉。他是我们所有人的大师”。高斯的评论是：“研究欧拉的著作仍然是数学各个不同领域的最佳学习方法，任何其他事物都无法将其替代。”20 世纪的瑞士数学家和哲学家安德里亚斯·施派泽这样说：“假如我们考虑到向欧拉敞开的知识全景以及他的研究工作所取得的不断成功，那么他必定是所有凡人之中最幸福的。因为*没有任何人曾体验过任何像这样的经历*。”（用楷体字来表示强调是为了突出说明这段异乎寻常的叙述很可能并没有夸张成分。）换个角度来说，欧拉不是处于最前沿，他*就是*最前沿，一个前无古人后无来者的人物。这是两方面因素侥幸组合的结果，一方面他是无与伦比的天才，另一方面他之前的数学家和科学家们的开拓带来了无限进取机会。考虑到这些，那么欧拉公式的深奥和奇异也就完全可以预见到了。事实上，这非常像欧拉的思维方式。

第6章

穿越虫洞

假如像欧拉一样，你也热衷于探究的那些深度，在你揭晓它们之前，甚至没有任何人意识到它们的存在，那么在18世纪除了e和π（它们之中藏有一种无限的形式，而且更加吸引人的是，它们在数学中以令人震惊的规律性突然出现）之外还有哪些地方隐匿着发现这些奥秘的道路呢？i这个数对于像欧拉这样的天才必定具有同样的吸引力。事实上，$e^{i\pi}$在我看来恰似欧拉在扩展数学概念领域时会苦思冥想的那种奇异但又有趣的表达式，它绝对是欧拉式的。

但是，$e^{i\pi}+1=0$中的另外两个数又怎样呢？乍看之下，1和0似乎并没有这个等式中的其他三个数所具有的那种无限的魅力。不过在数学中，外表常常具有欺骗性，这里也不例外——这两个数也是**非常重要的数**（Very Important Number，缩写为 VIN）。事实上，在 VIN 的万神殿里，地位高于 e、i 和 π 的数可以认为只有它们了。

简而言之，1 就是如此而已——当人们开始数东西时第一个出场的数。它是所有正整数之母：你可以从 1 开始，在加法的帮助下生成它们。它还有一种奇迹般的轻巧风格：1 是唯一一个与其他数相乘后，结果就是该数本身的数。当作家亚历克斯·贝洛斯调查人们最爱的数以及与它们相关的形容词时，他被告知 1 是独立的、坚强的、诚实的、勇敢的、直截了当的、开拓进取的和孤独的。

0 看起来就像仙女的翅膀一样晶莹剔透，然而它又如同黑洞一般强大。作为无限的对立面，它登上了位于数轴中心的御座（至少在数轴通常的画法中是如此），从而自然而然地成为了人们关注的中心。它与其他数相加不产生任何效果，就好像只不过是一个稍纵即逝的念头。但是，当它与其他数相乘时，它似乎就会施展出离奇的威力，势不可挡地将它们吸进去，并使它们在事物的中心处化为乌有。假如你热衷于极简模式，那么利用 0 以及另外一个数 1，你就可以将任何数（即任何能够被写出来的数）表示出来。（做到这一点的诀窍是使用二进制计数体系，这种数制中的数都用 1 和 0 的形式来表示。）

不过，与异常直截了当的 1 对比，0 就隐藏着独特性。假如你洞穿了遮蔽在它周围的那层朦胧的熟悉感，那么你就会看见一件奇妙的事情：这个用于定量的实体真正表示的却是没有量。人们花费了很长时间才让脑子绕过弯来。事实上，从概念上来讲，0 曾经只是一个大大的一无所有，这种情况直到公元 5 世纪至 9 世纪之间的某个时候才得以改观，当时印度数学家们认可了它是一个合法的数字。此时那些大于 0 的数字都已度过了几千年平凡似尘芥的岁月[1]。

---

[1] 在古巴比伦就有 0 的一种形式曾被用来作为计数体系中的一个占位符（一种用来占据位置的符号，也就是 0 在我们的十进制计数体系中所起的作用，例如用来区分 606 和 66）。不过，从数字方面来说接受一无所有也是某种东西这一概念上的飞跃要归功于后来的印度数学家。他们信奉的印度教中包含着虚无（空无一物）的概念，这个事实也许解释了这一重大的概念飞跃为什么发生在印度。

因此，这就是欧拉等式令人大吃一惊的原因：有史以来排名前五位的著名数字一起出现在其中，而没有任何其他数字。（此外，其中还包括了算术中三个原始的同伴：加号、等号和幂。）这些重要数字是从数学中的各种不同背景下冒出来的，因此看起来似乎完全互不相关，它们如此结合在一起着实令人震惊，并且这解释了关于这个等式的许多奥秘。

我们来给出一个类比：假如说未来的天文学家确认了大量遥远的“太阳系”，这些“太阳系”中有着几乎与地球一模一样的行星（甚至包括大气中的氧气水平也一样）。结果还发现，在每一个这样的情形之下，那颗看似地球的行星都是从它所在的那个“太阳系”的中央恒星向外数的第三颗行星。不仅如此，最靠近这颗类地行星的五颗行星在所有方面都几乎与水星、金星、火星、木星、土星（即最靠近地球的 5 颗行星）完全相同。这简直令人震惊，而且还表明在宇宙的结构中存在着一种完全出乎意料的、深层次的规则性。欧拉公式里的这几个看起来互不相关的、无上重要的数紧密交织的模式也同样挑动着我们的神经[1]。

不过，这还不是关于它的所有惊人之处。请再来尝试另一个思维小实验：设想你从未听说过欧拉等式，但是对于上文中概述的那些关于 e、i 和 π 的基本知识是熟悉的。现在请诚实回答：你难道不会产生这样或那样的预料吗？第一种，$e^{i\pi}$ 是像“大象墨水馅饼”[2] 之类的胡言乱语。第二种，假如要在数学上有意义的话，$e^{i\pi}$ 是无限复杂的无理虚数。确实，$e^{i\pi}$ 是一个超越数的虚超越数次方[3]。而假如上述第二种预料是正确的，那么无论计算机具有多么强

---

[1] 我觉得有义务在这里提一下，有些人觉得这个等式也没有有趣到这种程度。他们都各有理由，但我不能苟同。这一些我会在最后一章中加以阐述。

[2] 大象（elephant）和墨水（ink）这两个词的英文首字母为 e 和 i，而馅饼（pie）的英文与 π 的发音相同。——译注

[3] 假如你热衷于把数字看成具有一些类似人类的气质，那么你也许会把 $e^{i\pi}$ 描述为一位进入超越冥想的上师，他已获得了无限的启迪。不过这里有一个问题，欧拉公式明示了 $e^{i\pi}$ 永远不可能摆脱世俗的牵累。请回忆一下，$e^{i\pi}$ 实际上就是经过伪装的 −1，而 −1 只不过是你欠朋友斯蒂夫 1 美元的数学表示形式，孤掌之鸣。

大的计算能力，无疑都不可能将 $e^{i\pi}$ 的值确定下来。

正如你所知道的，上述两种预料都是不正确的，因为 $e^{i\pi}=-1$。（我猜想，正是由于这两种预料都可以证明是错误的，19 世纪的数学家本杰明·皮尔斯才认为欧拉公式或与之密切联系的公式是“绝对荒谬的”。）换言之，当这三个高深莫测的数以 $e^{i\pi}$ 的形式组合在一起时，它们之间因相互作用而开凿出一个虫洞。而这个虫洞盘旋穿越数字空间中的无限深处，然后不偏不倚地出现在整数的中心地带。这就好比 2370 年一些微微泛绿的粉红色机器人向着半人马座阿尔法星[1]飞驰而去，它们撞上了一个时空奇点，然后突然间发现自己正坐在堪萨斯州首府托皮卡市的一家汉堡包店里，时间是 1956 年。当然，自动点唱机里正在播放埃尔维斯[2]的歌。

[1]　半人马座阿尔法星是半人马座中的主星之一，中国古人将它称为“南门二”，它到太阳的距离为 4.37 光年，是距太阳最近的恒星。——译注

[2]　埃尔维斯·普雷斯利（Elvis Presley，1935—1977），美国摇滚歌手、演员，绰号“猫王”。——译注

第 7 章

从三角形到跷跷板

欧拉等式如同虫洞一般令人惊奇，其关键根源在于它的虚指数，即 i 乘以 π。欧拉是最早弄清楚如何解释这种奇怪指数的。

正如我们已经看到的，在 18 世纪中叶，许多数学家仍然将虚数视为一些尚未确定的数。欧拉本人也说过，它们带有一种不可能的气质。因此，虚指数在当时确实挑战了数学的极限。对一个数取虚指数幂，这种想法在那个时代的大多数数学家看来，很可能就像是要求一个已死去的两栖动物的鬼魂跳上一架拨弦古钢琴，并弹奏出一段小步舞曲。

然而，欧拉喜欢挑战极限。正如数学先驱们经常做的那样，他总会运用那些被广泛接受的概念和符号来推导出一些新奇的等式，然后利用这些新奇的等式来进一步推导出更多拓展数学和思维的结论。他用这种策略明示了虚指数可以被转化为我们意想不到的熟悉的项。

尽管他采用的方法（由此导出了 $e^{i\pi}+1=0$）精妙绝伦，但对于学过高中微积分知识的人而言，其实并不很难理解。我会更深入一点儿，为你提供这种方法的一种简化形式，其中不需要用到微积分。

不过，让我们预先做些准备：欧拉明示了 e 的虚指数幂可以转化为三角学中的正弦和余弦。

在你控告我违约（“法官大人，这是一场清清楚楚的骗局，他曾谎称简单浅白——他承诺只用简单的数学，而接下来我所知道的事情是，我要被三角学窒息了。”）之前，让我先来就正弦和余弦为你提供一个关于不会使你窒息的小小入门指南。

正弦和余弦都是函数。前文曾指出过，函数类似于计算机程序，它们接收输入量，以某种确定的方式加以操作，然后输出结果。不过，三角函数比诸如 $2x+8$ 这样的简单函数更加有趣。它们就像是自动化的电话簿，后者用人名作为输入值，然后在包括人名与电话号码配对的目录中查询这些名字，从而输出他们的电话号码。（我猜这种类比的概念可追溯到莱昂哈德·欧拉。他开创了一个富有成效的概念，将函数笼统地定义为耦合在一起的数。按照他的说法，函数本质上就是一些量，它们“对另一些量的依赖性如此之强，以至于假如后者发生了变化，那么前者也会经历变化”。）

三角函数的输入量由直角三角形各内角的大小给出。它们的输出量则是这些三角形各边长之间的比例。因此，它们的作用就好像是它们包含着如同电话号码簿那样的一组组配对的条目，配对的一边是角度，另一边则是与该角度相关的三角形的一些边的长度之比。这就使它们非常有利于以有限的信息为基础来弄清楚三角形的各维度。三角学这个词源自古希腊语中的“三角形测量”。

为了理解这些三角函数是如何运作的，你需要知道直角三角形（如图 7.1 中所画出的样子）有一个 90 度的角和两个较小的角。与直角相对的那条边称为斜边。我任意指定此处的斜边长度为 1 个单位。这个单位可以是任何距离的量度——毫米、英寸、英里、光年，随便你说什么都行。

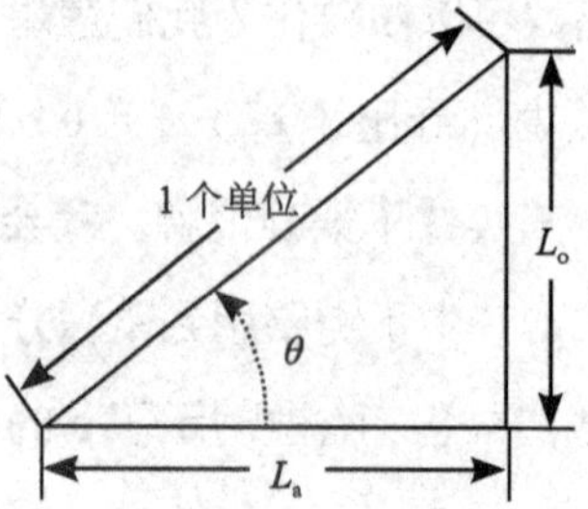

图 7.1

L_o 表示与标注为 θ 的那个角相对的那条边的长度，而 L_a 则表示与 θ 角相邻的那条直角边的长度。

正弦函数通常缩写为 $\sin\theta$，其中的希腊字母 θ 是一个表示角度大小的变量。请注意，在这里 θ 扮演着多重角色：它不仅表示一个角的大小，也表示它的名字。由于它是一个变量，因此你可以在 $\sin\theta$ 中为它代入一些数，于是这个函数实际上就会以一种确定的方式输出另一些数。一个典型的输入值是三角形中的两个非 90 度角之一的大小，单位是度。于是，正弦函数就会输出**这个角的对边长度与斜边长度之比**[1]。

对于图 7.1 所示的这个三角形而言，θ 角的正弦 $\sin\theta$ 等于 L_o 与斜边的长度之比，而斜边长度等于 1。将该比例表示为分数形式就是 $L_o/1$。又由于任何分母为 1 的分数都可以简化为其分子本身（例如 $4/1 = 4$ 和 $200/1 = 200$），因此我们就得到 $\sin\theta=L_o/1=L_o$。假如我们在这个连等式中去掉 $L_o/1$ 那一部分，并把等式的左右两边对换一下，那么我们就得到 $L_o=\sin\theta$。最后一个等式的意思是，图 7.1 中那个三角形中的 θ 角的正弦会告诉我们标注为 L_o 的那条边的长度。

现在我们来为 θ 代入一个特定大小的角度。图 7.1 中那个三角形中的 θ 角大约为 38 度。我们的计算器给出这个角度的正弦值约等于 0.616。（计

[1] 事实上，能写成 $\sin\theta$ 是因为所有具有确定 θ 值的直角三角形都相似，所以该比值是唯一的，因此 $\sin\theta$ 有意义。——译注

算器将分数表示为与该分数等价的小数形式。请回忆一下，分数在概念上就等价于比例。）

因此，我们就得到 $L_o = \sin 38° \approx 0.616$。（0.616 前面的这个弯弯曲曲的等号的意思是“约等于”。）请注意，正弦函数（即存在于我计算器中的那个版本的正弦函数）使我在不使用刻度尺的情况下就确定了 L_o。这个例子表明了三角函数如何以有限的信息为基础来帮助我们估算出一个直角三角形各边的长度，在本例中的有限信息是 θ 角的大小以及斜边长度为 1 个单位。

余弦函数写成 $\cos\theta$ 的形式，它与正弦函数相似，只不过它的输出值是**一个角的邻边长度与斜边长度之比**。因此，对于图 7.1 所示的那个三角形而言，$\cos\theta = \cos 38° = L_a/1 = L_a$。再次调用我的计算器，我发现 $\cos 38° \approx 0.788$，并由此确定与 θ 角相邻的那条直角边的长度大约为 0.788 个单位。

这里有一个简单的练习来帮助你搞懂这些三角函数的定义。在一张 8.5 英寸 ×11 英寸的标准打印纸[1] 上画一个斜边长为 1 英尺的直角三角形。（你需要将这条斜边画在这张纸的一条对角线附近才能画得下。）利用一把量角器来测量这个三角形的一个非 90 度角。（你没有量角器？这里有一个变通方案：假如你将这个三角形的斜边恰好画在这张纸的对角线上，再利用这条斜边以及与这张纸较短的一边平行的一条直线为边而画出一个三角形，那么这个三角形的这两条边之间的夹角大约等于 52.3 度。）然后根据上文所概要列出的过程，利用三角函数来预测这个三角形的（除了斜边以外的）两条边的长度，单位是英寸[2]。

[1]　美国使用的标准打印纸相当于 21.59 厘米 ×27.94 厘米，比标准 A4 纸（21 厘米 ×29.7 厘米）略短、略宽。为了保持数值与原文一致，因此以下仍采用原著中的英制单位。1 英尺 =12 英寸。——译注

[2]　几个有用的提示：假如你没有计算器来查询一个角的正弦和余弦，那么你就可以使用某个搜索引擎来代替。只要输入“sin 72 度 =”（不带引号）之类的内容作为搜索项，这个搜索引擎就会发挥计算器的作用。如果你的三角形斜边长度是 1 英尺，那么你用三角函数计算出的边长也会用同样的单位来表示，也就是英尺。要将这些长度转换为英寸，只需将它们乘以 12。随后，当你用一把刻度尺来测量这个三角形的各边时，请将测量结果表示为小数形式。

为了完成这一练习，请用一把刻度尺来测量该三角形的两条直角边，以检验你基于三角函数而做出的那些预测是否大体正确。

由于我指定要将直角三角形的两个锐角代入正弦和余弦函数，因此你也许会认为输入的角度不允许大于 90 度。事实上，如果上述三角形中的 θ 角等于或大于 90 度，那么我们甚至没有三角形可谈。

但是有一种聪明的方法可以拓展正弦和余弦函数的定义，从而允许输入角度大于 90 度。正如我将会解释的，这一变化可以看成对这两个函数重新进行编程，使得它们的内部目录基于在一个球面内扫过的角度，而不只是一个平面三角形中的角度。

要理解这些经过拓展的定义如何起作用，你需要知道一点儿关于 xy 平面的知识，这些知识源自 17 世纪的哲学家和数学家勒内 · 笛卡儿[1]的研究工作。我们通常把 xy 平面描述为一个平坦的、二维的表面，它的特征是具有一根称为 x 轴的水平数轴和一根称为 y 轴的竖直数轴。

如图 7.2 所示的平面上的这些点是用写在括号里的一对数来具体指明的，这对数就称为点的 x 坐标和 y 坐标。利用这些坐标来确定点的位置，这种方式很像利用编了号的东西走向的大街和南北走向的大道，就可以在地图上精确地指出各个交叉路口的位置。就（2,3）这对坐标而言，2 是 x 坐标，它指明了（2,3）所代表的点距离 y 轴有多远，因此也就表示沿着 x 轴前进的水平距离。这对坐标中的第二个数 3 是该点的 y 坐标，它明示了被称为（2,3）的这个点距离 x 轴有多远，因此也就表示沿着 y 轴前进的竖直距离。这两根数轴相交的那一个点被称为原点，它的坐标对是（0,0）。

[1] 勒内 · 笛卡儿（René Descartes，1596—1650），法国著名哲学家、数学家、物理学家，因将几何坐标体系公式化而被认为是解析几何之父。——译注

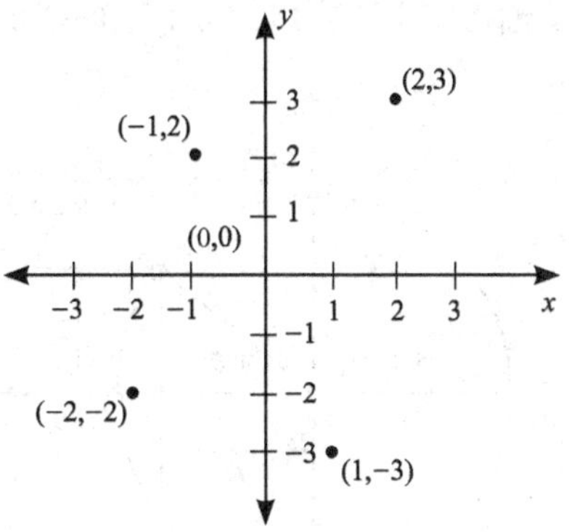

图 7.2

你可能记得从数学课上学到过诸如 $y=2x$ 或 $y=x^2$ 这样的方程，只要画出满足它们的点的 x 坐标和 y 坐标，就可以将这些方程表示为 xy 平面上的直线或曲线。这使我们能够用几何方法来描述函数，而这种方法常常会揭示出关于它们的一些本来很难察觉到的事情。但那是解析几何的内容，我们这里还有三角学这条大鱼等着下锅，所以让我们回到角度上来。不过，现在我们不是思考三角形的内角了，而是要考虑在一个圆心位于这个 xy 平面上的一个特殊的圆内部的角度。这个圆被称为单位圆。

（说一点儿关于历史的题外话：三角学在很大程度上是由天文学家创立的，他们希望利用它来确定像月亮这样的遥远天体的距离。人们认为古希腊天文学家、罗德岛的喜帕恰斯[1]发明了其中的好几个关键概念，包括弦（即在圆内画出的直线）的长度与沿着圆周测得的弧长相关。他是根据圆来定义三角函数的先驱。不过，将单位圆推到三角学前沿和中心地位的是欧拉，并且他的这种做法定形了被数学家们视为现代形式的三角学。在本章余下的部分中，我会为你简单地描述一下这种形式。）

单位圆的圆心是原点（0,0），它的半径长度为 1 个单位。如图 7.3 所示，

[1]　喜帕恰斯（Hipparchus，约公元前 190—前 125），古希腊天文学家，长期在罗德岛工作。他编制出包括 1025 颗恒星的星表，创立了星等的概念，发现了岁差现象，并被认为是三角函数的创始者。——译注

这个单位圆与 x 轴和 y 轴相交于（1,0）、（0,1）、（−1,0）、（0, −1）四个点。

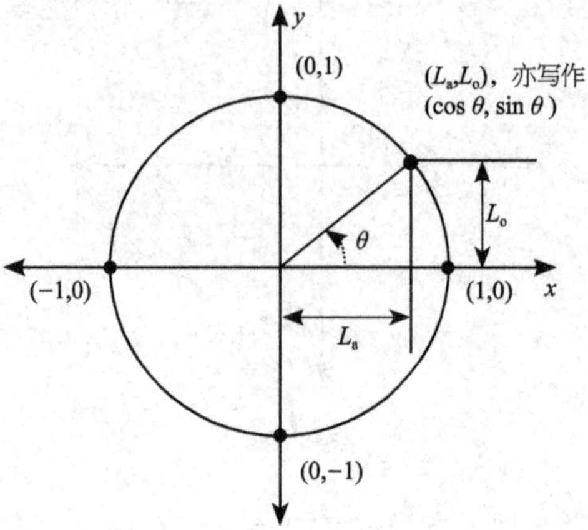

图 7.3

在这个圆中，通常会画一条形似时钟分针的、长度为 1 个单位的线段，用来表示掠过一定的角度。通过观察这张图，你应该会想象这条线段一开始的位置是尖端指向点（1,0）的。换言之，就好像它在指向 3 点钟，随后绕着原点逆时针转动。这种旋转运动掠过一个角度 θ，如图 7.3 所示。

在掠过 θ 角后，这条线段的端点就位于这个单位圆上的一个点，该点在图中的坐标对是（L_a, L_o）。这就意味着要确定该点的位置，你就要沿着 x 轴水平度量 L_a 个单位，沿着 y 轴竖直度量 L_o 个单位。你以前曾遇到过 L_a 和 L_o，它们在前文的三角形中表示同样的两个长度。事实上，这个圆中标示出的就是同一个三角形，而它的那条长度为 1 个单位的斜边表示为掠过 θ 角、长度为 1 个单位的线段。这个三角形也包含着前文描述过的 θ 角。

我已在圆内画出这个前文中以显著地位出现过的三角形，以便向你展示如何将基于三角形的那些三角函数的定义按照单位圆来重新进行表述，其操作过程的具体细节会在接下去的几段文字中加以解释。信不信由你，对于将数学概念从一种背景下转换到另一种背景下，你现在已经是一位老手了。例如，在学习角度时，你将数字的概念转换为了两条相交直线之间的角距离的概念。你很可能甚至都没有注意到自己做出了这一个相当令人钦佩的概念上的飞跃。

这个三角形沿着 x 轴的一边的长度为 L_a 个单位，它是这个三角形中 θ 角的邻边，与图 7.1 中的完全一样。因此，根据基于三角形的余弦函数定义可知，$\cos\theta = L_a/1 = L_a$。（这个连等式应该看起来很熟悉，它在前文中随着该三角形一起出现过。）

不过，L_a 现在还有一种新的意义，这种意义与单位圆相关。也就是说，对于那条掠角线段，假如要指定其尖端在圆上一点的 x 坐标，那么 L_a 就指定了必须沿着 x 轴前进的距离。又由于 $\cos\theta = L_a/1 = L_a$ 这个由两部分构成的连等式告诉我们，L_a 就等于 $\cos\theta$，因此我们知道这个点的 x 坐标可以写成 $\cos\theta$ 来代替 L_a。

类似的逻辑也适用于这条掠角线段的尖端所指的点的 y 坐标，即 $\sin\theta = L_o/1 = L_o$。这就意味着在写出该点的坐标对时，可以用 $\sin\theta$ 来代替 L_o。

因此，正如图 7.3 中所表明的，这个点的坐标对（L_a, L_o）现在也可以表示为（$\cos\theta,\sin\theta$）。

现在，让我们来为这个场景增加点儿动感。假如那条掠角线段处于初始位置时其尖端指向 3 点钟的位置，随后逆时针转动，那么它的尖端实际上可以越过这个单位圆上从 3 点钟到 12 点钟之间的所有点。每一个这样的点都与一个特定的角（称为 θ）相联系，这个角的范围在 0 度到 90 度之间。对于每一个这样的点，你都可以在圆内画出一个直角三角形，使其包含一个 θ 角，并且其长度为 1 个单位的斜边与那条掠角线段完全重合。例如，假如 θ 接近 90 度，那么你所画出的这个三角形就会又高又瘦，此时 L_a 的长度逼近 0 个单位，而 L_o 则逼近 1 个单位。对于这个又高又瘦、斜边长度为 1 个单位的三角形而言，余弦和正弦函数的定义就会确保 $\cos\theta = L_a$ 和 $\sin\theta = L_o$。

结论：当 θ 的取值范围在 0 度到 90 度之间时，这条掠角线段尖端所指的点的坐标*总是*可以表示为（$\cos\theta,\sin\theta$）。

请注意，我们刚刚开启了一种新的可能性来计算 0 度到 90 度之间的角度的余弦和正弦函数的值。除了输出三角形的边长之比之外，这些函数还能输出掠角线段尖端在该单位圆上确定点的 x 坐标和 y 坐标。事实上，假如我们重新定义这两个函数，从而使它们内在的目录（可以这么说吧）由与这些 x 坐标和 y 坐标（分别是余弦和正弦）配对的角度构成，那么我们根本就不需要改变这些函数在假设目录中的那些值。正如我们刚刚看到的，无论它们是基于直角三角形还是沿着单位圆的坐标对，它们都会含有相同的输入输出这一配对关系。

然而，假如那条掠角线段忘乎所以地掠过了一个大于 90 度的角，那么这些三角函数又会输出什么呢？

就上文所示的这种单位圆内部的直角三角形而论，我们是无法回答这个问题的。我们这时需要的直角三角形将具有一个直角和另一个大于 90 度的角（我们仍然将它称为 θ）。这样的三角形是不存在的。

不过，所幸我们改为以圆为基础来具体确定这些函数的输出量，而这种新方法能够对付这一新情况。也就是说，我们可以重新定义这些三角函数：当掠角线段掠过一个大于 90 度的角时，用它的尖端所在的 x 坐标和 y 坐标来定义此时它们的输出量。（小于 90 度的情况亦由此定义。）此外，如果我们假设这条掠角线段以顺时针方向转动时，它就是在朝负的方向运动（就好像沿着数轴从 0 点向左运动），那么这种重新定义甚至会允许我们将负的角度代入正弦和余弦函数。谁还需要三角形呢？

举一个例子来说明这种重新定义是如何运作的。假设这条掠角线段已掠过了一个 180 度的角，即半个圆。由于按照惯例，它总是从 3 点钟位置出发，因此它现在所指的就是 9 点钟方向，即坐标为 $(-1,0)$ 的那一点。（如果你单靠想象有困难的话，请看一眼图 7.3。）于是在三角函数的新定义下，当将这个角度代入余弦函数时，它的输出量必定是 -1，而这个角度的正弦函数值必定是 0。如果我们用等式的形式来表示，那么我们就得到 $\cos 180° = -1$ 和 $\sin 180° = 0$。正如你在后文中将会看到的，这个例子对于理解欧拉等式有着至关重要的作用。

这里还有另外几个小小的练习：cos 90° 和 sin 90° 等于多少？ cos 360° 和 sin 360° 呢？[1]

重述一下要点：我们已经进入了一个没有三角形的三角学区域，其中余弦和正弦函数已推广到可以适用于任意输入角度。（输入角度可包括大于 360 度的角，我马上就会解释这一点。）

图 7.4 明示了将这些推广了的定义应用于一个 90 度到 180 度之间的角。请注意，在这种情况下，$\cos\theta$ 必须是一个在 0 到 −1 之间的负数。这是因为在掠角线段掠过这个角度之后，其尖端的 x 坐标在 0 到 −1 之间，而 $\cos\theta$ 当然就定义为这个坐标的值。同样，这个角的正弦值所在范围是从 0 到 1。正如我所希望的，从这幅图中就可以明显看出这一点。（如果还不够明显的话，那么请考虑当 θ 角在这一范围中时，尖端会在 xy 平面上的何处，从而得到该点的 y 坐标。）

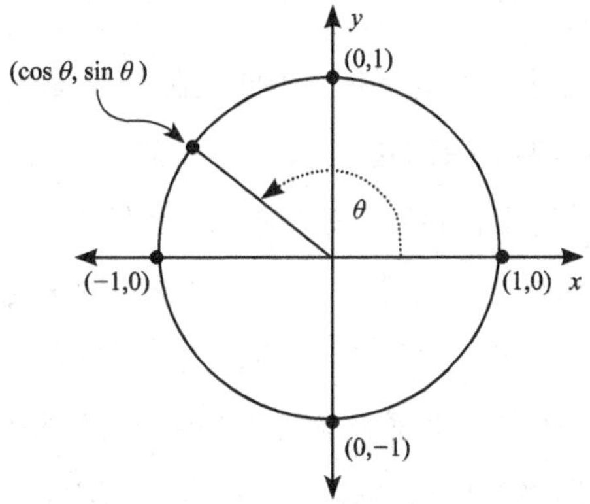

图 7.4

请再做另一个练习：当 θ 大于 180 度（即半个圆）但又小于 270 度（即四分之三个圆）时，以及当 θ 大于 540 度但又小于 630 度时，试确定 $\cos\theta$ 和 $\sin\theta$ 的可能取值范围。[2]

[1]　答案：cos 90° = 0，sin 90° = 1，cos360° = 1，sin 360° = 0。

[2]　答案：在两种情况下，$\cos\theta$ 和 $\sin\theta$ 的值都会在 0 和 −1 之间。

关于第二道大角度的练习给出一点提示：要掠过360度，就需要那根掠角线段绕着这个单位圆旋转整整一周。而假如它掠过了450度，那么因为$450° = 360° + 90°$，它就会完整地转过一周回到起点后再超过该点，继续前进90度。于是，在掠过450度之后，这根掠角线段的位置恰好就相当于它仅掠过90度后所在的位置。由此得到的结论是，450度的正弦和余弦与90度的正弦和余弦是相同的。（这是因为对于这两个角度，这些三角函数的输出值都是由单位圆上同一点的坐标所确定的。）

同样，任何角度的正弦和余弦都会与该角度减去360度（或者减去2×360度，或者减去3×360度，又或者减去$n \times 360$度，其中n为任意整数）后的正弦和余弦相同。这就意味着对于任何大于360度的θ角，其正弦和余弦都等于一个在0度到360度之间的角度的正弦和余弦，而后者是很容易直观想象的。要得到这个角度，你可以将θ反复减去360度，直到结果在0到360度之间。顺便提一下，随着代入的角度越来越大，三角函数却周期性地重复输出同一个数，这个事实解释了为什么在xy平面上描绘正弦和余弦函数时会产生无限的波浪形正弦曲线。

如果你有充裕的时间，而且还有几样测量工具（一把量角器和一把刻度尺），那么你就可以编制一张表格，列出将各种不同角度代入正弦和余弦函数时它们所给出的输出量。（顺便说一下，这张表格可以充当一个有点儿粗糙的目录，供我们查找将各种角度输入这些函数时所得到的输出值。）为了把这些综合起来，你需要在xy平面上的一个单位圆中，用量角器来以范围在0度到360度之间的精确角度画出掠角线段（如往常一样，其中每个角度都是从3点钟位置开始掠出的）。如果你的要求十分严格的话，则可以沿着整个圆以每次增加1度的方式来这样画。于是，对于每一个角度，你都要仔细地测量出掠角线段顶端到x轴和y轴的距离，从而确定该点的坐标。（你需要在这些点和两根坐标轴之间描出分别与x、y轴垂直相交的线，然后沿着这些线来测出距离。）最后，你需要在表格中记录下这些坐标，作为该角度所对应的余弦值和正弦值。

在完成这张表格之后，你就可以在不使用量角器的情况下，利用它来确定一条指示某一特定角度（比如说 143 度）的掠角线段。要做到这一点，你需要在表格中查找 cos 143° 和 sin 143° 的值，以便用它们来作为掠角线段掠过 143 度后其尖端所在的坐标。由于 cos143° 约等于 −0.799，所以你需要在 x 轴（从原点往左）的负方向上测量出 0.799 个单位。又由于 sin143° 约等于 −0.602，所以你需要从原点开始沿着 y 轴测量出这个距离。基于这些测量，你要在坐标为 (cos143°，sin143°) 或 (−0.799, 0.602) 的那个位置画一个点（它应该在那个单位圆上）。最后，你需要画出那条从原点延伸到这个点的掠角线段。这样画出的这条线段就会恰好表明这个角有多大。

思考这一切的方法之一是将坐标对（cos θ,sin θ）想象成一种表现手段，其作用是把单位圆内的角度 θ 自动掠扫出来。当你将一个角度代入 θ 时，（cos θ,sin θ）就会指定那条掠角线段在掠过角度 θ 后其尖端所在位置，从而使它恰好停在转过该角度后应该在的位置。

这些经过重新定义的三角函数可以用来模拟**振荡**（参见下面方框中的文字），例如秋千和跷跷板的周期性运动。从你家里的每个插座出来的交流电也是振荡波形，电气工程师自从 19 世纪末设计基于交流电的电路时就开始大量使用三角函数。按理说我们生活中的许多电气设备的背面都应该带有小小的标志，上面写着“内有三角学”。

> 振荡被一般性地定义为往复运动。要理解振荡和三角函数是如何联系在一起的，请想象单位圆中的掠角线段像时钟的分针那样连续旋转。你的头脑里有了这样一幅图像之后，请注意随着时间的流逝，这条掠角线段是在 3 点钟和 9 点钟这两个位置之间来回盘桓的。（对于这个问题而言，也可以认为掠角线段是在这个圆上的任何两个径直相对的点之间运动。）这种往复运动就是一种振荡形式，意味着振荡可以用旋转运动来表示。现在，想象这种转动是由将越来越大的角代入坐标对（cosθ,sinθ）而驱动的，这种驱动力可以说就是单位圆内的那条掠角线段。如果 θ 角每秒钟 [比如说] 增大 360 度，那么掠角线段尖端就会每秒沿着这个圆运动一周。你可以将

这种由三角函数驱动的运动视为每秒完成一个周期的振荡。

历史学家们认为，是伽利略从概念上将旋转运动与振荡联系起来的。不过，在这位伟大的意大利科学家明白这二者是如何产生概念上的联系之前，16 世纪的德国佚名发明家就已经在最早的踏板驱动纺车上利用了这种联系，这些纺车将纺织工人脚的上下振荡运动转化为旋转运动。

为了给这个具有极简主义风格的三角学入门指南添加最后一笔润色，我会简要介绍一下除了度以外的另一个用来度量角的单位：弧度。我们需要弧度是因为对于经过重新定义的（基于单位圆的）正弦和余弦函数，代入其中的角所采用的单位通常都是弧度，而不是度。

为什么要使用弧度？原因就在于用弧度指明角度进行计算往往会比使用度要来得方便。古巴比伦人发明了用度来度量角，他们如此喜欢 60 这个数及其倍数（比如说 6 × 60，或者说就是 360），以至于他们所有的数学都以这个数为基础。（启发他们的似乎是这样一个事实：一年中大约有 360 天。）于是，用度来度量角虽然常常很方便，但实际上只是古代思考方式的一种残余，并且将它用于高等数学中（甚至是在某些较低等的数学领域中）时会引起不必要的混乱和复杂。就这一点而言，度就像是罗马数字[1]。使用弧度就可以避免这些麻烦。

弧度与单位圆中掠过的角度配合得天衣无缝。当一条掠角线段沿着这个圆运动而掠过一个角度时，其尖端也沿着这个圆运动了一段距离。弧度就基于这段弧长。更明确地说，1 弧度就定义为圆上一段长度等于其半径的弧所对应的圆心角。在单位圆这一特例中，半径的长度是 1，因此与 1 弧度的角度相关的弧长也就是 1 个单位。

[1] 穷兵黩武、恃强凌弱的罗马人在数学方面的迟缓如此无可救药，以至于如果古代世界在数学方面曾有过一个“不放弃任何一个文明”项目的话，那么他们身陷在需要补救的后进生名单里的时间会远远超过 1000 年。正如数学历史学家莫里斯·克莱恩所说，他们“在数学史中发挥的全部作用不过是充当着破坏者的角色”。最突出的是，他们谋杀了阿基米德——这位古代世界的费曼，他光彩夺目，高呼着“我发现了”。至少在那个漫长的时代之中，还没有核武器编码可供他们的暴君尼禄和卡利古拉染指。

假如这条掠角线段沿着这个单位圆转过整整一周（即 360 度），那么它会掠过多少弧度？要得到答案，请回忆一下，任何圆的周长都等于其直径乘以 π。由于一个圆的直径等于其半径的两倍，因此它的周长就等于 $2 \times r \times \pi$ 个单位，其中的 r 表示它的半径，对于单位圆来说就等于 1。于是在本例中，这个角按照弧度来度量是 $2 \times 1 \times \pi$，写成比较紧凑的形式就是 2π 弧度。我们知道 π 约等于 3.14，从而可以将此计算再推进一步，最后得到这个角会约等于 2×3.14（或 6.28）弧度。不过在数学中很少推进到这一步。当使用弧度来度量角度时，它们几乎总是按照数字乘以 π 的形式来指明的。

既然我们已经确定了 360 度等于 2π 弧度，那么我们就知道 2π 弧度的一半（或者说 π 弧度）必定等于 360 度的一半（或者说 180 度）。同样，π 弧度（180 度）的一半（或者说 $\pi/2$ 弧度）就必定等于 180 度的一半（或者说 90 度）。

总而言之，我们得到了 2π 弧度等于 360°，π 弧度等于 180° 和 $\pi/2$ 弧度等于 90°。关于弧度你需要知道的一切就是这些。

我们在前文中讲过，$\cos 180° = -1$，$\sin 180° = 0$。由于 π 弧度等于 180°，因此这就意味着 $\cos \pi = -1$，$\sin\pi = 0$。（当角的大小出现在三角函数中时，通常会忽略弧度这个词。）这两个三角学事实会在我向你展示如何产生欧拉公式时开始起作用。

稍后还会出现另外四个三角学事实。通过检查掠角线段掠过 $\pi/2$ 弧度（90 度）后其尖端的坐标，你就可以看出 $\cos \pi/2 = 0$，$\sin\pi/2 = 1$。最后还有 $\cos 0 = 1$，$\sin 0 = 0$，这是由以下事实推断得到的：如果掠角线段移动 0 弧度，那么它的尖端就会停留在坐标为（1,0）的那一点。

如果你已经能够应对本章的内容，那么你也就准备好去掌握三角函数与虚指数幂之间的联系了——是欧拉揭开了这种曾经隐藏着的联系的。这种联系迅速导出欧拉等式以及它的那些令人着迷的内涵。不过，在深究其细节之前，我会在下一章中先向你展示三角函数、虚数和无限这三者如何以一种容易理解的方式结合在一起，从而得出一个令人愉悦的结论。这会引导你了解欧拉在探究通往 $e^{i\pi} + 1 = 0$ 的条条隐匿小径时所做出的种种概念上的进展。

第 8 章

雷吉的难题

让我们假设你在与朋友聚会时谈话内容转到了大家最近都在阅读些什么。你坦诚自己最近一直在钻研数学，包括虚数、三角学、无限和以及诸如此类，而且你还意外地发现数学比你预料的要更容易理解，也更有趣。聚会主办人有一个非常聪明但不善交际的儿子，这个名叫雷吉的 14 岁男孩是一个数学奇才。他听到你的话后突然竖起了耳朵，他激动地插进了大家的谈话，惊呼他也正在学习完全一样的内容，并且想知道你是否愿意尝试解答一道关于它们的“简单”题目。这道题目来自他最喜爱的一本书《给地道天才看的基础数学》（*Basic Math for the Complete Genius*）。

你还来不及推辞，他已经抽出一张纸，并草草地写出了下面这个令人望而生畏的、由无限和构成的函数：

$$f(\theta) = (\mathrm{i}\cos\theta)^2/2 + (\mathrm{i}\cos\theta)^4/4 + (\mathrm{i}\cos\theta)^8/8 + (\mathrm{i}\cos\theta)^{16}/16 + \cdots$$

他说道："题目是这样的：当其中的变量等于 π 时，这个函数的值是多少？"

"我搞定它花了两分钟时间。"他欢快地补充说，完全没有察觉你已满脸通红，"这真的很简单，甚至连杰克——他是我在数学俱乐部里的一位解题不如我的朋友——都相当快速地搞定了。"

你心中暗想："多么令人讨厌的小书呆子啊！"你说道："哦，我确信我没有你和杰克那么擅长数学，不过我稍后会试一试的。谢谢你与我分享这道题目。"

在你将这张纸叠好放进口袋之前，为了避免看起来似乎轻视了聚会主办人的儿子，你先将它拿起来装模作样地仔细阅读一下。这时，你突然灵光一现：当你将 π 代入这个无限和中的 θ 时，每个 $\cos\theta$ 都会变成 $\cos\pi$，而 $\cos\pi$ 则等于 −1。（事实上，这就是你最近在阅读本书关于三角学的一章时学到的内容。）这就意味着所有的余弦项都会消失，只剩下那些完全不吓人的 −1。此外，你还回忆起 i^2 也等于 −1（这是因为 i 就定义为 −1 的平方根），因此每当有"i 乘以 i"出现在任何一项之中时，它都可以用 −1 来代替。

于是你想："也许这并不像看起来那么糟糕。"你没有把这道题目装进口袋，而是不自觉地向雷吉借了一支铅笔，这样你就可以坐下来写写算算了。大家都感到很吃惊，甚至包括你自己。不过，你从来都不喜欢做人们认为你理应要做的事情——在你礼貌风趣的外表之下，潜藏着某种狂野的东西。（不然还有什么别的原因会让你阅读本书呢？）

你首先做的是估算这个无限和中第一个含有 θ 的项 $(\mathrm{i}\cos\theta)^2/2$ 在 θ 等于 π 时的值。$\mathrm{i}\cos\theta$ 部分表示 i 乘以 $\cos\theta$。因此，将 π 代入 θ，并用"×"来表示相乘，你就写出了：

$(\mathrm{i}\cos\pi)^2 = (\mathrm{i} \times \cos\pi) \times (\mathrm{i} \times \cos\pi)$ [根据指数的定义]

$=[i\times(-1)]\times[i\times(-1)]$ [用 −1 来代替 $\cos\pi$]

$=i\times i\times(-1)\times(-1)$ [根据乘法交换律和结合律重新整理]

$=i^2\times 1$ [根据指数的定义，以及“敌人的敌人 = 朋友”]

$=-1\times 1$ [i 被定义为 −1 的平方根，因此 $i^2=-1$]

$=-1$ [朋友的敌人给我不好的印象]

你的进展顺利。由于你已经明示了分数 $(i\cos\theta)^2/2$ 的分子等于 −1，因此你也就证明了这个分数只不过是将 −1/2 写成一种出奇复杂的形式。

现在，你开始无所畏惧地去攻克第二项 $(i\cos\theta)^4/4$ 的分子：

$(i\cos\pi)^4=(i\times\cos\pi)\times(i\times\cos\pi)\times(i\times\cos\pi)\times(i\times\cos\pi)$

$=(i\times\cos\pi)^2\times(i\times\cos\pi)^2$ [根据指数的定义]

$=(-1)\times(-1)$ [如上文所示，$(i\times\cos\pi)^2=-1$]

$=1$

这就意味着 $(i\cos\theta)^4/4$ 等于 1/4。

在思忖片刻之后，你意识到接下去每个分数的分子都具有 $(i\times\cos\pi)$ 的形式，并带有一个大于 4 的偶指数，而这意味着每个分子都可以简化为偶数个 $(i\times\cos\pi)^2$ 形式的项相乘。这里所依据的就是上文中用来简化 $(i\times\cos\pi)^4$ 的推理。这些项转而又可以简化为一对对的 −1 相乘，而既然每一对这样的乘积都等于 1，那么你就知道了每个分子都只不过是几个 1 相乘，或者说最后得到的就是 1。例如：

$(i\cos\pi)^8=(i\times\cos\pi)^2\times(i\times\cos\pi)^2\times(i\times\cos\pi)^2\times(i\times\cos\pi)^2$

$=(-1)\times(-1)\times(-1)\times(-1)$

$=1\times 1$

$=1$

这样就有 $(i\cos\theta)^8/8=1/8$。

以此类推。

将以上内容整合在一起，并将雷吉原来写下的那个等式中的 θ 用 π 代入后，你就得出了：

$$f(\pi) = (\text{i} \cos \pi)^2/2 + (\text{i} \cos \pi)^4/4 + (\text{i} \cos \pi)^8/8 + (\text{i} \cos \pi)^{16}/16 + \cdots$$

随后在它下方写上了对于这道题目你现在已经搞清楚的那部分解答：

$$f(\pi) = -1/2 + 1/4 + 1/8 + 1/16 + \cdots$$

在旁边作壁上观的雷吉用他的尖锐方式说道："这不是答案。你得算出这个无穷级数最终等于什么。"

"谢谢你指出这一点。"你这样答道，不可思议地响亮，就好像你真的是这么想的。到这时，聚会主办人和其他朋友都已围拢过来，要看看你在做什么。显而易见，你现在已经没法停下来了。

幸运的是，你这时进行得很顺利。你回忆起偶然看到过一个由分数构成的无限和，它的样子就像是你现在正面对着的这个。让我们来想想，那是在什么时候？然后你想起来了，那是在你阅读芝诺悖论的时候[1]。

那是怎么一回事？哦，对了，一位名叫芝诺的古希腊哲学家想象在跑道上有一位跑步者。首先，这位跑步者跑了距离终点线一半的路程，然后跑了剩余距离的一半（等于全程的 1/4），然后又跑了此时剩余距离的一半（等于全程的 1/8），以此类推。这样看来，由于他必须跑完无限多段路程，因此他似乎永远也不可能到达终点。

不过，在芝诺的论证中似乎存在着一个缺陷。这位古希腊哲学家实际上暗示了这位跑步者应该会花费无限长的时间才能跑完赛程，这是因为他必须跑完无限多段路才能完成整个赛程，而其中的每一段路都需要用一定量的时间去完成。但是芝诺显然不知道这样一个事实：如果各项分数逐渐缩小到零，那么由这些分数构成的无限和可能是有限的。事实上，这位跑步者所必须跑完的各段路程之和（1/2 + 1/4 + 1/8 + ⋯）就等于 1，而不是无限大。你从关于芝诺的那些资料中已经知道了如何去论证这一点：画一个边长为 1 个单位

---

[1] 我们在第 3 章中谈到过芝诺，他提出的涉及无限的谜题中有好几个相关的悖论。这些悖论激起了大约 2500 年的争论。有些数学家和哲学家认为这些悖论是以幼稚的或者不完善的前提为基础的，因此不是真正的悖论。但其他人认为，这些悖论被认定的解答只不过掩盖了它们所提出的深刻问题。无论如何，对于芝诺的这些难题没有取得普遍一致的意见，这说明它们造成困惑的力量仍然没有被决定性地摧毁。

的正方形，将它分成各个部分，如图 8.1 所示。

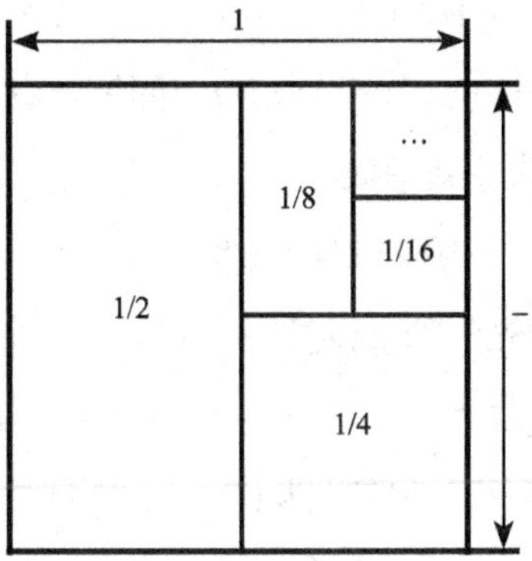

图 8.1

这个正方形的总面积为 1，这是因为任何矩形的面积都等于长乘以宽，而在本例中长和宽都是 1。现在，此面积的一半加上剩余面积的一半（即该正方形面积的 1/4），此后再加上剩余面积的一半（即该正方形面积的 1/8），以此类推，那么这些面积的和就会越来越接近该正方形的总面积。事实上，只要这个面积和中相加的部分足够多，那么就可以使求出的和与总面积之间的差值越来越小。换言之，这个差值可以减小到合理地认为相当于零，而这意味着这个无限面积和实际上就等于总面积。

这意味着 1/2 加 1/4 加 1/8，这样一直加下去，结果会得到 1。（顺便说一下，这还意味着假如这位跑步者每 x 分钟匀速跑完一段路程，那么他就会恰好花费 x 分钟跑完无限分段之和而到达终点，这是因为它们加起来就等于这段路程的长度。）

现在你已经所向披靡了。你在这张纸上重画了这个正方形，以便让所有人都能看到。随后你耀武扬威地大声说道："这个正方形所有部分的面积加起来就等于该正方形的总面积，而我们知道这个总面积是 1。这就说明：

$$1/2 + 1/4 + 1/8 + \cdots = 1$$ [1]

[1] S=1/2+1/4+1/8+…是一个无穷递减等比级数，其中首项 a_1=1/2，公比 q=1/2，因此按这种级数的求和公式就有 $S=\frac{a_1}{1-q}=\frac{\frac{1}{2}}{1-\frac{1}{2}}=1$。——译注

“如果我们将上面这个等式的两边都加上 −1，那么我们就得到：

$$-1+1/2+1/4+1/8+\cdots=-1+1$$

又由于等式左边的 −1 + 1/2 等于 −1/2，而等式右边的 −1 + 1 等于 0，因此我们就可以将这个等式重新写成：

$$-1/2+1/4+1/8+\cdots=0$$

“请回忆一下，我们先前曾求得 $f(\pi)$ 就等于一个由分数构成的无限和：

$$f(\pi)=-1/2+1/4+1/8+\cdots$$

请注意这个无限和与我们刚刚证明等于 0 的那个无限和是相同的。换言之，$f(\pi)$ 等于一个值为 0 的无限和，于是 $f(\pi)$ 本身也就等于 0。因此，雷吉那道题目的答案就是：

$$f(\pi)=0$$

“你要的答案有了，雷吉。计算完毕，诸如此类吧。你是对的，这并不算很难。”

第9章

整 合

欧拉发现三角学和虚指数之间存在着一种惊人的联系，但这并不是发现三角学和虚数之间存在联系的第一例。18 世纪初，法国数学家亚伯拉罕 · 棣莫弗率先提出了欧拉公式的一种变化形式。因此，他实际上已经在这两个数学主题之间架起了一座桥梁，他的那个方程如今被称为棣莫弗公式（但他并不是用下面这种形式来表达的）：

$$(\cos\theta+\mathrm{i}\sin\theta)^n=\cos(n\theta)+\mathrm{i}\sin(n\theta)$$

其中的 n 是一个整数，θ 表示一个以弧度为单位的角，$n\theta$ 的意思是 n 乘以变量 θ，而 $\mathrm{i}\sin\theta$ 则表示 i 乘以 $\sin\theta$。

乍看之下，棣莫弗公式也许像是从雷吉最喜欢的那本书中找出来的一道令人困惑的谜题，不过它并不很难理解，只要将这个方程的两边都看成一个需要经过两步处理才能传送出一个输出值的函数即可。首先，令等式两边的 n 等于一个整数。随后，将某个弧度值代入这两个函数中的 θ。这个等式意味着对于这个 θ，左边的函数与右边的函数会输出同一个数。

为了看清它是如何运作的，让我们将 n 取为 2，将 θ 取为一个大小为 $\pi/2$ 弧度的角，然后计算该等式两边的值，看看它们是否如公式所声称的那样确实是相等的。（如果它们不相等的话，那就会有一大堆数学书需要修改了。）

先来计算等式的左边：

$(\cos \pi/2 + i \sin \pi/2)^2 = (0 + i \times 1)^2$ [由于 $\cos \pi/2 = 0$，$\sin \pi/2 = 1$]

$= i^2$

$= -1$

现在来计算等式的右边：

$\cos(2 \times \pi/2) + i \sin(2 \times \pi/2) = \cos \pi + i \sin \pi$

$= -1 + i \times 0$

$= -1$

因此，基于这一非常有限的证据，棣莫弗是正确的。（附录 1 提供了更有力的证据，给出了这个公式的一种推导。）除了这个以他的名字命名的公式以外，人们还认为棣莫弗取得了其他许多进展。例如，他在向赌徒们咨询的过程中，建立起了概率论中的一些重要概念。不幸的是，他从未设法过上像样的生活。尽管与他同时代的名人（如莱布尼茨等）努力想为他谋取一份大学的工作，但他还是靠做数学家庭教师勉强度日，一生都生活在贫困之中。他也是一名流亡者。他从小在法国受到新教徒的教育，在 20 岁那年为了逃离路易十四统治期间对新教徒的迫害而移居到伦敦，此后就一直生活在英格兰。

据说他在晚年时注意到，他每天晚上都比前一晚多睡 15 分钟，于是他就断定在他的睡眠时间逐渐延长到 24 小时的那一天，他就会长眠不醒。他精通数学，因此不难确切算出这会在何时发生。又一次，也是最后一次，他是正确的。

棣莫弗公式是数学中的一个有多种用途的工具，但是直到18世纪中叶，它指引许多问题向前进展的全部潜能才变得明显，因为当时欧拉对这个公式产生了兴趣——他显然是独立推导出该公式的。欧拉基于该公式所做出的迷人发现之一是，正弦和余弦函数就像是玩偶盒[1]，里面隐藏着无限。也就是说，他明示了三角函数就是由无限和所构成的函数。这些无限和是由 θ 的越来越大的幂的分数所构成的，它们有着基于偶整数和奇整数的美丽简约的有序模式。来看一下：

$$\cos\theta = 1 - \theta^2/2! + \theta^4/4! - \theta^6/6! + \theta^8/8! + \cdots$$

以及

$$\sin\theta = \theta - \theta^3/3! + \theta^5/5! - \theta^7/7! + \theta^9/9! + \cdots$$

这两个等式中的符号“!”表示阶乘。定量地说，阶乘运算具有爆炸性的威力，它甚至可以将较小的数扩展成巨大的天文学数字。例如，15! 就超过1.3万亿。这意味着这两个等式中的这些分数的相继分母会飞快地增大，而这转而又意味着这些相继分数本身则会飞快地减小消没。

阶乘符号“!”是“将小于和等于某指定正整数的所有正整数全部乘在一起”的速记符号。因此，3!（读作“三的阶乘”）就是 $1 \times 2 \times 3$ 的缩写，或者说等于6。而4的阶乘（或者写成4!）的意思是就是 $1 \times 2 \times 3 \times 4$，也就是等于24。

有趣的是，棣莫弗公式中还包含着虚数项——i乘以正弦的那些项，而欧拉从这个公式中导出的那两个无限和中只出现实数。由此，他实际上是经过虚数领域得到了实数领域中的新结论。在他的推导过程中，最初出现在棣莫弗公式中的那些虚数项都消失了，正如在计算雷吉的无限和的过程中，所有的i也消失了。虚数在计算中能突然消失，比如说 i^2 变成 −1，这很可能就是莱布尼茨将它们视为介于存在与不存在之间的难以捉摸的小生物之故。

[1] 玩偶盒（Jack-in-the-box）是一种儿童玩具，一打开盒盖就会弹出一个小人来吓人，一般有一个曲柄用来上发条。——译注

这些等式使我们有可能确定特定角度的正弦和余弦值，而不必去测量三角形各边的长度。例如，要计算出某个特定角度的余弦的近似值，你可以简单地将该角度代入上面第一个等式中的前几项，然后把它们加起来。（你需要用到的只是这个无限和的前几项，因为正如上文指出的，分母中的这些阶乘导致这些相继的分数飞快地减小而趋于零，仅仅最初的几项已对总和产生显著效果。）

让我们用一个 38 度的角来尝试一下。在讲述三角学的那一章中已经用计算器得到了这个角度的近似余弦值：$\cos 38° \approx 0.788$。当然，完成这个尝试并不能证明欧拉发现隐藏在余弦函数之内的那个无限和是正确的。不过，我们希望它会提供支持这一结论的一点间接证据。

欧拉等式适用于基于单位圆的正弦和余弦函数，因此我们必须将 38 度转换成弧度后才能代入 θ 值。既然我们知道 180 度等于 π 弧度，那么 38 度就应该等于 π 弧度的 38/180。由于 π 约等于 3.14，因此我们就得到 38 度≈ $38/180 \times 3.14$ 弧度，而这就意味着 38 度约等于 0.663 弧度。

将用弧度表示的这个角代入前文所述的两个等式中的第一个就得到：

$$\cos 0.663 = 1 - (0.663)^2/2! + (0.663)^4/4! - (0.663)^6/6! + (0.663)^8/8! + \cdots$$

将该无限和的前五项相加后得到 $\cos 38° \approx \cos 0.663 \approx 0.788$。很高兴，这与用我的计算器估算出的 $\cos 38°$ 的数值一致。

将 0.663 代入正弦等式的前五项后得出：

$$\sin 0.663 = 0.663 - (0.663)^3/3! + (0.663)^5/5! - (0.663)^7/7! + (0.663)^9/9!$$

将等号右边的这五项相加后得到 $\sin 38° \approx \sin 0.663 \approx 0.616$，又一次与我的计算器给出的数值一致，使人进一步消除了疑虑。

吸引我们的主要之处现在已近在咫尺了，在推导最优雅等式的过程中，将三角函数改造成由无限和构成的函数是关键的一步。不过，为了得到这个等式，我们还需要最后一次涉险进入无限领域，这一次远足是要去揭示函数 e^x 是另一个玩偶盒，里面装着拥有美丽模式的无限和。

在展示欧拉转动 e^x 的曲柄时从里面跳出来的东西之前，我应该先指出，$e^{i\pi}+1=0$ 是作为一个一般等式的特例而得出的，而我在本章中正在简述的欧拉公式的推导只不过是欧拉证明这个一般等式的正确性的三种方法之一。这个一般等式也常常被称为欧拉公式，它的形式如下：

$$e^{i\theta}=\cos\theta+i\sin\theta$$

（顺便说一下，许多数学书在阐述此公式时都用 x 代替 θ 来作为变量。）我会在接下去几段文字中解释它是从何而来的，并在其后的几段中进一步拓展它的含义。在欧拉提出的几种方法中，我在此处讨论的推导过程最接近如今的数学课本中通常使用的那些方法。不过，他的另一种推导方法对于那些不熟悉微积分的人而言，按理来说是最容易理解的，实则那种方法按照现代的标准看来并非正统，其整个推导过程在附录 1 中给出。

以下是欧拉所发现的 e^x 的无限和，为了与本章中使用 θ 作为变量相一致，因此我会将其写成：

$$e^{\theta}=1+\theta+\theta^2/2!+\theta^3/3!+\theta^4/4!+\theta^5/5!+\cdots$$

这个无限和也许至少看起来有点儿熟悉。事实上，如果你将上文中显示的那两个三角函数的无限和稍加改编，用加号来代替其中的减号，然后将这两个无限和加在一起，你就会得到欧拉从 e^{θ} 中想到的完全相同的那个无限和。这两个无限和的一致性预示了他所揭示的 e 的虚数次幂可以表示为正弦和余弦的形式。

为了将虚指数加入到我们的画面之中，欧拉迈出了现代数学家们视为非常大胆的一步：他将上面那个关于 e^{θ} 的等式中的所有 θ 都用 θ 的一种虚数形式来代替。这一步如今被视为是一种埃维尔·克尼维尔[1]式的飞跃。这是因为在欧拉证明了这个等式对于实数 θ 成立以后，他基本上只是假设当将虚数代入 θ 时，这个等式也应该成立。尽管他的这一飞跃没有以任何严密的论证作为基础，但它仍然是一个可靠的假设——欧拉凭直觉做出的种种

[1] 埃维尔·克尼维尔（Evel Knievel，1938—2007），美国冒险运动家、特技明星，以表演驾驶摩托车飞越障碍物而闻名于世。——译注

举动通常总是正确的。

他代入的这种 θ 的虚数形式被写成 $i\theta$，意思是 i 乘以变量 θ，$i\theta$ 只不过是与实数变量 θ 对应的虚数形式。这种替换要求将 e^{θ} 改写成 $e^{i\theta}$，而且等式右边的无限和中的所有 θ 也要用 $i\theta$ 来代替。

经过这些替换之后，这个等式就变成了：

$$e^{i\theta}= 1 + i\theta + (i\theta)^2/2! + (i\theta)^3/3! + (i\theta)^4/4! + (i\theta)^5/5! +\cdots$$

请注意，等式右边的无限和令人联想起雷吉的题目中的那个无限和。事实上，通过改写其各指数项来简化它，竟然要比解答雷吉的题目更简单。就让我们来动手吧。

我还是会从 i^2 等于 -1 这个事实开始。这意味着只要这个无限和的各个分数的分子中每次出现 i^2 时，我们就可以用 -1 来替换它。例如，第三项的分子 $(i\theta)^2$ 等于 $i\theta\times i\theta$，再通过重新整理这两个 i 和 θ 可得其结果等于 $i^2\times\theta^2$，也可写成 $-\theta^2$。于是，第三项就等于 $-\theta^2/2!$。

与此类似，第四项的分子 $(i\theta)^3$ 等于 $i^3\times\theta^3$，或者写成 $i^2\times i\times\theta^3$(因为 i^3 等于 $i^2\times i$)，也就等于 $-1 \times i\times \theta^3$，而略去式中的乘号后就等于 $-i\theta^3$。于是，第四项就可以简化为 $-\theta^3/3!$。

既然你已经看到了这个过程如何进行，那么请对该无限和接下去的六项尝试这一演算过程，同样将其中出现的所有 i^2 都用 -1 来替换，并将其中出现的所有 $(-1)\times(-1)$ 都用 1 来替换。你得到了什么[1]？

这些简化步骤明示了前文中的那个等式可以改写为：

$$e^{i\theta} = 1 + i\theta - \theta^2/2! - i\theta^3/3! + \theta^4/4! + i\theta^5/5! - \theta^6/6! - i\theta^7/7! +\theta^8/8! + \cdots$$

请注意，在现在这个无限和中，当 n 是奇整数时，每隔一项都具有正的或负的 i 乘以 $\theta^n/n!$ 的形式。（第一个这样的项 $i\theta$ 等于 i 乘以 $\theta^1/1!$，因为根据定义，一个数的一次方就等于这个数，不发生任何变化。此外，1! 就定义为 1。因此，$i\theta=\theta^n/n!$，其中 $n= 1$。）其他各项都是类似的分数，只是它们都不带 i。

[1] 答案：$\theta^4/4!$，$i\theta^5/5!$，$-\theta^6/6!$，$-i\theta^7/7!$，$\theta^8/8!$，$i\theta^9/9!$。

让我们来重新整理这个总和，将这两种不同类型的项分别归并，就有：

$$e^{i\theta} = (1 - \theta^2/2! + \theta^4/4! - \theta^6/6! + \theta^8/8! + \cdots) + (i\theta - i\theta^3/3! + i\theta^5/5! - i\theta^7/7! + \cdots)$$

最后，我们将一种扩展形式的分配律[1]应用于第二组的各项，于是我们就可以合理地将这个等式改写为：

$$e^{i\theta} = (1 - \theta^2/2! + \theta^4/4! - \theta^6/6! + \theta^8/8! + \cdots) + [i \times (\theta - \theta^3/3! + \theta^5/5! - \theta^7/7! + \cdots)]$$

要获得欧拉公式的一般形式，我们现在只需要注意到，第一个无限和等于前文出现过的那个表示 $\cos\theta$ 的无限和，而第二个无限和就等于表示 $\sin\theta$ 的那个无限和。于是等式右边的这两个无限和就可以用与它们等价的三角函数来代替，从而得到我们所求的那个等式：

$$e^{i\theta} = \cos\theta + i\sin\theta$$

我们来重述一下其中的要点：等式 $e^{i\theta} = \cos\theta + i\sin\theta$ 是由以下事实得到的：前文中出现过的那个表示 $e^{i\theta}$ 的无限和等于表示 $\cos\theta$ 的无限和加上 i 乘以表示 $\sin\theta$ 的无限和。正如我们已经看到的，欧拉沿着一条通过无限王国的隐匿小径，证明了这个等式的两边虽然乍看之下似乎是截然不同的函数，实际上却是完全相同的，从而得到了这个非凡的等式。（这意味着当你将一个数代入 $e^{i\theta}$ 中的 θ，那么它的输出值与将该值代入 $\cos\theta + i\sin\theta$ 得到的输出值是同一个数。）

从此处开始，接下去通往数学中最美方程的道路就可以闲庭信步了。首先，将 $e^{i\theta} = \cos\theta + i\sin\theta$ 中的所有 θ 都用 π 代入。这样替换后得到：

$$e^{i\pi} = \cos\pi + i\sin\pi$$

---

[1] 分配律是一种基本算术法则，通常写成 $a \times (b + c) = (a \times b) + (a \times c)$，其中的这些字母表示数字或者更加复杂的数字表达式。它的意思是，当你将几个数相加之和乘以另一个数时，与你将各数分别乘以这个数后再将这些乘积加在一起所得的结果相同。也可以将上述标准表示方式的两边互换，写成 $(a \times b) + (a \times c) = a \times (b + c)$ 的形式。还可以将它扩展到任意多项，例如 $(2 \times 4) + (2 \times 2) + (2 \times 7) + (2 \times 3) = 2 \times (4 + 2 + 7 + 3)$。欧拉在这里冒险将它应用于无限多项。

由于 $\cos\pi=-1$，$\sin\pi=0$，因此你就可以用 −1 来替换 $\cos\pi$，用 0 来替换 $\sin\pi$，于是得到：

$$e^{i\pi}=-1$$

（$i\sin\theta$ 那一项消失了，这是因为用 π 取代其中的 θ 之后，它就变成了 i 乘以 $\sin\pi$，也就等于 i 乘以 0，而 0 乘以任何数结果都等于 0。）

然后在 $e^{i\pi}=-1$ 的两边都加上 1，你就得到了另一个两边相等的等式：

$$e^{i\pi}+1=-1+1$$

然后，随着“查拉图斯特拉如是说”(Also Sprach Zarathustra)[1] 的起调渐强音段突然从无声处奔涌而出，你将这个等式简化成了：

$$e^{i\pi}+1=0$$

[1] 你知道的，就是作为电影《2001：太空漫游》（*2001: A Space Odyssey*）配乐的那段激动人心的音乐。

第 10 章

欧拉公式的新阐述

人们常常为经历时间洗礼的伟大艺术作品赋予新的含义，从而使它们焕发出新的生机。同样的事情也发生在数学中。在欧拉去世几年之后，一位名不见经传但具有数学天赋的挪威测量员构思出一种新颖的方法来思考虚数，从而为欧拉公式做出了新的阐述。这种方法被称为复数的几何解释。

这位挪威创新者名叫卡斯帕尔·韦塞尔，是一位业余数学家。由于测量工作收入微薄，因此，他一直过着捉襟见肘的生活。一个与他相识的人在一封信中将他描述为“有一个聪明而又非常缓慢的头脑，当开始研究某件事情时，在完全理解之前他是不得安宁的”。认识韦塞尔的人都认为他极为温顺恭谦。他的一位测量员同事曾经这样记述他：“就尝试不熟悉的工作而言，倘若他拥有更大的勇气和自信，那么以他的洞察力和天赋，他本可以既为自己也为社会带来很大的利益。”

若不是丹麦皇家科学院的重要成员、数学家约翰内斯·尼古拉斯·特滕斯的鼓励，韦塞尔也许永远都不会发表他的那些重要的新理念。1797 年，特滕斯代表他的这位羞涩的学生，在学院的一次会议上宣读了韦塞尔的一篇论文。这是韦塞尔写过的唯一一篇数学论文，其中提出了复数的几何解释。

不幸的是，特滕斯没能继续吸引更多的人来关注韦塞尔的论文。这篇论文有着一个谦虚且有点儿令人费解的标题：“论方向的解析表示”（On the Analytical Representation of Direction）。结果是，尽管这篇论文早在 1799 年就发表在丹麦科学院期刊上，但是还是在默默无闻中销声匿迹了近 100 年。最终，这篇论文的各种译本在 1895 年得到广泛的流传，这才表明几何解释的最早建立确实应该归功于韦塞尔，而他已经在 1818 年去世了。

韦塞尔的这一重大创见出现在丹麦杂志上几年后，另一位业余数学家、巴黎的会计师让 - 罗贝尔·阿尔冈也独立地取得了同样的进展。惊人的巧合是，他的这一智力成果也险些淹没在历史长河之中。出于某种原因，阿尔冈决定在 1806 年以他自行匿名出版的方式将这个新理念告知世人。在这篇论文首次出版时，看到的人显然寥寥无几，因此也就几乎没有造成任何影响。所幸，法国数学家雅克·弗朗索瓦在 7 年后得知了这项研究工作，并对其中的创造性留下了深刻印象。他动用了一点儿侦查手段后，设法与论文的作者取得了联系，并提醒世人注意这一创新。从那时起，阿尔冈的名字就引人注目地与虚数的几何解释联系在一起了。

在这一几何解释中，虚数被分配到了它们自己的数轴上，这根竖直画出的数轴称为 i 轴。此外要画一根实数轴，这根与 i 轴相交的水平数轴称为 x 轴，如图 10.1 所示。这两根相交的数轴界定了一个很像 xy 平面的平坦空间，只是 y 轴被 i 轴取代了。

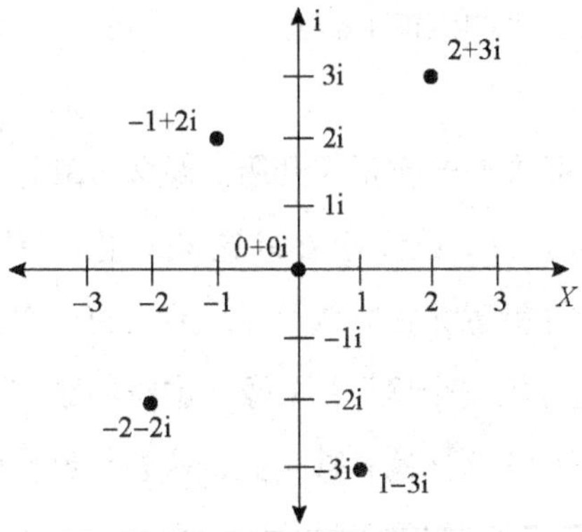

图 10.1

图 10.1 显示了为什么说虚数来自一个不同的维度是言之有理的：i 轴构成了一个二维平面的两个维度之一，这个平面的另一个维度是由我们熟悉的实数轴（在这里称为 x 轴）构成的。这个二维空间称为复平面，而复平面上的点都与由实数加虚数这两个部分构成的数联系在一起，这些数被称为复数。正如小学数学中的数轴说明了如何将实数视为一维空间中的点（直线只有一个维度），复平面则使复数能被映射为二维空间中的点。

请回忆一下，xy 平面中的点都是由一对被称为坐标的数来指定的。复平面上的每个点也用两个数来指明，一个沿着 x 轴水平前进的实数和一个沿着 i 轴竖直前进的虚数。它们通常写成和的形式，例如 $2 + 3i$ 或 $1 +(-3i)$（后一个复数等同于 $1-3i$）。人们认为德国数学家高斯在 19 世纪初提出了 $a + bi$ 这种复数的标准写法，但也有些历史学家则追溯到 16 世纪的那位将用虚数来做算术视为精神折磨的意大利数学家卡尔达诺。

请注意，任何实数都可以被看作一个虚部为 0 乘以 i 的复数。例如，实数 2 在本质上只不过是 $2 + 0i$ 的简约形式。由于像 2 或 $2 + 0i$ 这样的纯实数的虚部为零，因此它们的点就全都位于复平面的实数轴上。这是讲得通的，因为复数的虚部指明了它们的点在平面内距离 x 轴有多远。当虚部为 0i 时，这个距离就是 0，因此表示纯实数的点到 x 轴的距离就是零。

与此类似，像 2i 这样的虚数可以被视为实部等于 0 的复数。所有这样的纯虚数的点都分布在复平面内的 i 轴上。

复数代表了数字概念的一次重大升级。像 $2+3i$ 这样的复数中包含着两个量，因此与像 2 这样的实数或者像 3i 这样的虚数相比，它实际上保存了相当于两倍的信息。这就意味着复数可以做到只有一个部分的数做不到的事情。你已经看到过这样的一个例子了：像 2 这样的数字可以用来沿着一条直线标定一个点，像 $2+3i$ 这样的复数可以用来在二维空间中标定一个点。因此，这一升级就将数的概念从码尺的范围扩展到了更加丰富的地图世界。（并非巧合，这正是测量员卡斯帕尔 · 韦塞尔度过其职业生涯的世界。）一个实数可以告诉我们的是，我们沿着一条路走了多远，而一个复数则可以告诉我们所在的精确位置。

复数的二维性还使它们能够同时表示运动物体的运动速率和方向。要理解其中的原理，请想象一块面积有好几英亩的田地。现在想象在这块田地的中央有一位弓箭手，并想象他向东北方向射出了一支箭，这支箭具有某一特定的速率，比如说每秒 200 英尺。为了只用一个复数来模拟这支箭的速率和方向，你可以设想他正站在图 10.2 所示的复平面的原点上，复平面的 i 轴为南北走向，而 x 轴为东西走向。在该平面上画一个从原点向 $1+i$ 那个方向延伸的箭头，这样你就能表示出那支真实的箭的方向，即东北方向了。如果你令这条带箭头的线段的长度为 200 个单位，那么你就可以通过这一长度来表示那支真实的箭的速率了。

你所画出的这条带箭头的线段中包含的所有信息（真实世界中那支箭的速率和方向）都封装在表示其尖端的那一点的复数中，即 $100\sqrt{2}+100\sqrt{2}i$。（$100\sqrt{2}$表示 2 的平方根的 100 倍。）事实上，如果给出这个复数，并且要求你计算出那支箭的速率和方向，那么你就可以根据这个数的实部和虚部，用一把刻度尺来画出它所表示的点。这两个部分指明沿着 x 轴和 i 轴都前进了 $100\sqrt{2}$个单位，约等于（100×1.414）个单位，或者说 141.4 个单位。然后你可以用这把刻度尺来测量原点和该点之间的距离，从而近似估算出那支真

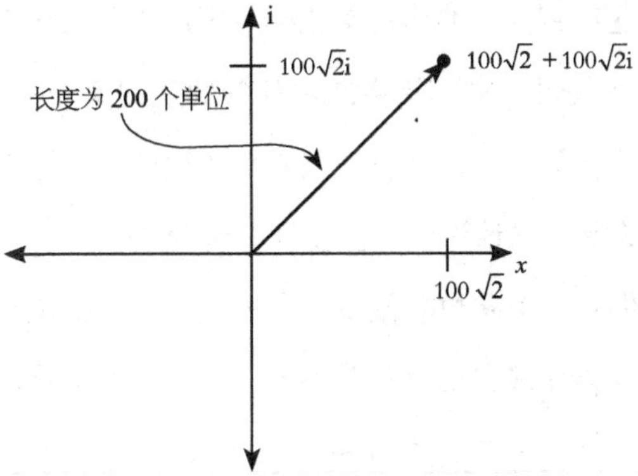

图 10.2

实的箭的初速度。你也可以使用令人肃然起敬的毕达哥拉斯定理[1]来计算出原点和该点之间的距离。

这条定理是这样说的：任何直角三角形的两条较短边长度的平方和等于斜边长度的平方。（你也许记得这条定理差不多是 $x^2+y^2=z^2$ 的样子，其中的 x、y、z 分别表示直角三角形的三条边的长度。）这里我们感兴趣的是直角三角形具有两条长度都为 $100\sqrt{2}$ 个单位的边。它的斜边就是那条带箭头的线段，因此你可以想象它的一边靠在 x 轴上。根据毕达哥拉斯定理，$(100\sqrt{2})^2+(100\sqrt{2})^2$ 等于斜边长度的平方。将这一关系写成等式形式并重新整理各项，我们就得到 $(100\times100\times\sqrt{2}\times\sqrt{2})+(100\times100\times\sqrt{2}\times\sqrt{2})=H^2$，其中的 H 是斜边的长度。利用 $\sqrt{2}\times\sqrt{2}=2$ 这一事实并进一步整理各项，上式就意味着 H^2 等于 $(2\times100^2)+(2\times100^2)=2\times(2\times100^2)=(2\times100)^2$，也就等于 200^2。由此可得 $H^2=200^2$，而这就意味着 $H=200$。

我们从这一切中可以得到的一个结论是，这样绘制的带箭头的线段可以被视为提供了与它们尖端的点相关的那些复数相同的信息。于是，我们就可

[1] 这条定理如此著名，以至于 1939 的电影《绿野仙踪》（*The Wizard of Oz*）中也提到了它，只不过并不是以数学老师们会赞成的方式。当巫师向稻草人授予一张毕业证书时，稻草人背诵了一条乱七八糟的毕达哥拉斯定理，以展示他最近得到的头脑。

以合情合理地将这些带箭头的线段看成相关复数的形象化表示。这种箭头状复数表示形式称为矢量。它们是韦塞尔开创的几何解释中的一个关键成分，并且正如我们会看到的，它们可以被用来从欧拉公式中引申出一些含义。它们甚至连欧拉本人都从未认识到，至少从未明确认识到。

请注意，当你将一个复数想象成一个矢量时，你就是在把一个由两个部分构成的数的概念转化成二维的几何关系，从而引导你将这个抽象的数想象成一个可见的事物（尤其是假如你是一位箭术爱好者的话）。这样的形象化可以使用复数进行的基本数学运算变得令人惊奇地容易，实际上是将抽象概念转化成了我们的大脑天生就配备齐全且可以处理的具体图像。

19 世纪中叶，爱尔兰数学家威廉·罗文·哈密顿提出了具有四个维度的数（称为四元数），并找到了如何用它们来进行计算的方法，从而进一步扩展了数的概念。这样的数如今被应用于从计算机绘图到飞机导航系统的万事万物。物理学家们也对有许多维度的数字颇有好感。爱因斯坦将宇宙描述为具有四个维度——三个空间维度再加上第四个表示时间的维度。在量子物理学中则用无限维空间来模拟基本粒子的各项性质。（假如这番话在你听来毫无意义，也不必担心。白皇后在早餐前需要 12 次或更多次会议才能想得通。）

假如有一位禅宗大师请你编写一本无字自传的话，那么将这些四维数字看作矢量会有用处。你可以明智地点点头，并将你迄今为止的生活作为一个四维空间中的矢量，从而提供一份简明的描述。基于一个稍嫌随意的、以地球为中心的参考系，这个矢量会从一个表示你出生时间和地点的点开始（时间可以表示为从佛陀降生以来已经流逝的秒数，而地点则可以表示为纬度、经度和高度这些数），延伸到另一个类似地表示当前时间和你目前所在位置的点。你不必想清楚如何画出这个四维矢量。相反，你只要简单地将它的两个端点标注为（a,b,c,d）的形式，其中的字母为表示位置和时间的那些特征数字，这样就可以有效地将它描述出来了。当然，你的生平故事的这一描述方式会忽略其中的所有曲折行径，只有一个非常浅薄的叙事元素。不过，这位大师会喜欢它的极简风格，他甚至还可能让你听到一次长时间起立欢呼期间的孤掌之鸣。

正如上文所提出的，将复数描述为矢量为以几何方式来表示复数的加法、乘法和其他运算做好了准备。韦塞尔首先研究出了如何用几何方法来进行这类计算。

让我们来看一看复数相加的几何解释。不过，在理解如何用矢量来进行这样的加法之前，你应该知道用算术方法来做这件事的法则，也就是在不涉及矢量的情况下，如何将复数相加。我们在论述虚数的那一章中遇到过的意大利数学家拉斐尔·邦贝利在 16 世纪设计出了这条法则，这是在几何解释提出前的两个世纪之前。这条法则很容易理解：将两个复数相加时，你只要简单地将它们的实部和虚部分别相加即可。下例给出了如何将 3 + 1i（也可以写成 3 + i）和 −1 + 2i 相加：

$$(3+1i)+(-1+2i)=[3+(-1)]+(1i+2i)=2+3i$$

复数相加的几何法则必须构建一个平行四边形，用表示这两个数的矢量来作为其不平行的两条边。平行四边形是一种有四条边的图形，它的对边两两平行，如图 10.3 所示。

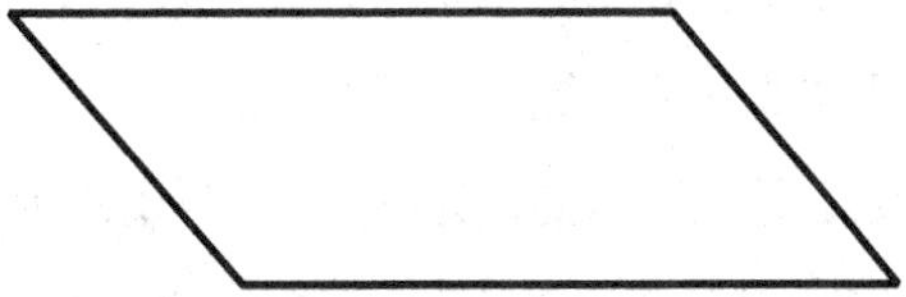

图 10.3

通过画一个平行四边形来将两个矢量相加，实际上就是定义第三个矢量，它从对角穿过该平行四边形（参见图 10.4）。这个矢量就代表它们相加之和。

为了理解这段文字描述的意思，请看一下图 10.4，其中显示了前文中已用算术方法相加的两个复数的几何加法：3 + 1i 和 −1 + 2i。请注意从对角画出的那个穿过这个平行四边形的合矢量——指向 2 + 3i 的箭头，它表示的就是用算术方法相加所得到的那个复数。

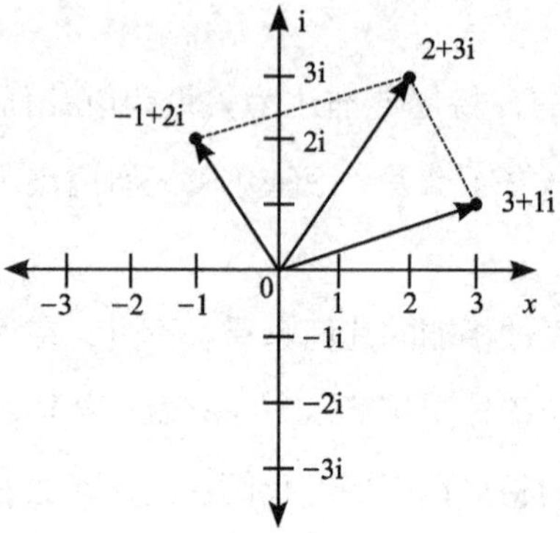

图 10.4

我不会在此处讨论所有的矢量运算法则，因为这不是一本教科书。不过，请注意它们所共有的一项重要特征：它们所给出的结果总是与用复数算法所得的计算结果一致，正如刚才用矢量平行四边形将 3 + 1i 和 −1 + 2i 相加时所显示的那样。几何计算与非几何计算之间的这种一致性具有决定性意义。假如基于矢量的数学给出的结果有所不同，那么几何解释就只不过是奇特的小玩意儿，就像《战争与和平》的一个英译本将俄文原版中的句子都古怪地弄乱了。在数学中，要防止其错综复杂、相互关联的逻辑高塔轰然倒塌成一堆矛盾废墟，维持严格的一致性是至关重要的。

矢量相加在直觉上是很诱人的，尤其是它使人联想到将复数相加形象化地看成一个物体在同时受到两个推力时的运动轨迹。（在这种形象化表述中的力被描述为要相加的矢量，而运动轨迹则是合矢量。）

不过，将乘法转化成矢量数学是几何解释最聪明、最富有成效的一面。为了保持事情简单，我会集中讨论这种乘法的一个关键例子：用矢量方法将复数 0 + i 与其他复数相乘。我还会用一个相关的例子来介绍这个主题，这个例子只包含实数：将与 −1 相乘转化成几何上的说法。

既然我们已习惯将实数看作一条数轴上的点，那么我们也就不难将它们描述成方向沿着该数轴的矢量形箭头。因此，如图 10.5 所示，4 这个数就可以表示为一条从 0 开始向右延伸、长度为 4 个单位的带箭头的线段。（这根带箭头的线段看起来很像上文所定义的那些矢量，但实际上是另一个不同的事物。复平面上的矢量是二维事物，这是因为平面是一个二维空间。而表示 4 的那条带箭头的线段是一维事物，这是因为数轴是一个一维空间。）

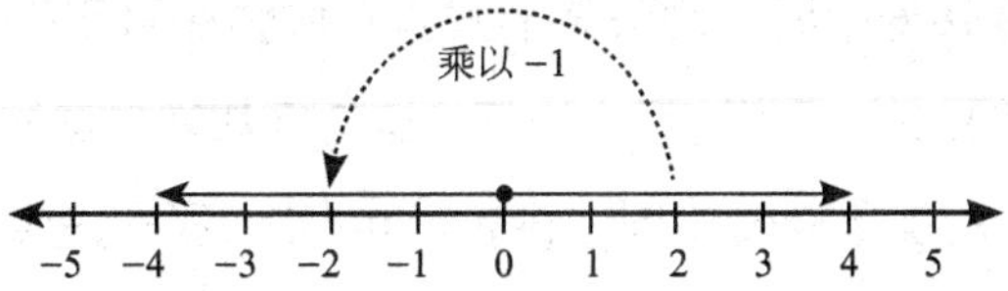

图 10.5

我们根据基本算法可知 $-1 \times 4 = -4$。通过以下运算，就可以按照几何方式来清晰地把握这种概念：当你用 −1 去乘以 4 时，你将表示 4 的那条带箭头的线段旋转 180 度（以表示 0 的那一点作为转轴）而令其反向，于是就将它转变成了表示 −4 的带箭头的线段。

用 −1 去乘以任意实数，都可以看成矢量线段产生了 180 度旋转[1]。例如，用 −1 去乘以 −5 可以描述为将表示 −5 的那条从 0 指向左侧的线段旋转 180 度，从而使它最终指向右侧并因此表示 5。（顺便说一下，这种“乘以 −1”的旋转操作所给出的结果总是与一个负数乘以另一个负数的那条“敌人的敌人”法则一致。）

现在让我们来将这种旋转的概念从一维数轴外推到二维复平面。要做到这一点，我们会把一个复数乘以 $-1 + 0i$ 或 −1 从几何上解释为导致表示该数的矢量线段沿顺时针旋转 180 度（以原点作为转轴）。假如这种“乘以 −1”

[1] 说不定你还没有注意到，将一个一维矢量旋转 180 度实际上是有点儿奇怪的。当你在头脑中按照描述的方式旋转一条线段时，它会离开一维数轴，并旋转扫过二维空间，才会回到这根数轴上。由此可见，将一个一维矢量旋转 180 度，从而使它指向相反方向，这一概念有点儿像一艘三维的宇宙飞船隧穿四维空间而反转了它的方向。尽管如此，这种如同科幻小说般的概念可以很好地用来作为一种乘以 −1 的几何表示。

的旋转法则按照应该的方式起作用，那么它所给出的结果就应该与不用矢量的复数相乘所得到的结果相符。

这里有一个例子可以用来检验我们想要的一致性：−1 乘以 i。我们从前面论述虚数的那一章中已经知道，−1 × i 可以写成更为紧凑的形式 −i。将它们表示为等式形式，我们就有 −1 × i =−i。如果将该等式中的这些数都用与它们对应的复数来代替，就会得到 (−1 + 0i) × (0 +i) = 0 − i。

现在来看图 10.6 中所示的矢量形式。正如你能看到的，图中按照我们用于乘法运算“乘以 −1”（请回忆一下，这与复数乘法运算“乘以 −1 + 0i”是同样的意思）的那条旋转法则，将表示 0 + i 的那一矢量沿逆时针旋转了 180 度。这一旋转操作留给我们的是表示 0 − i 的矢量。由此可见，这一乘法的矢量形式和算术形式确实是完全一致的。

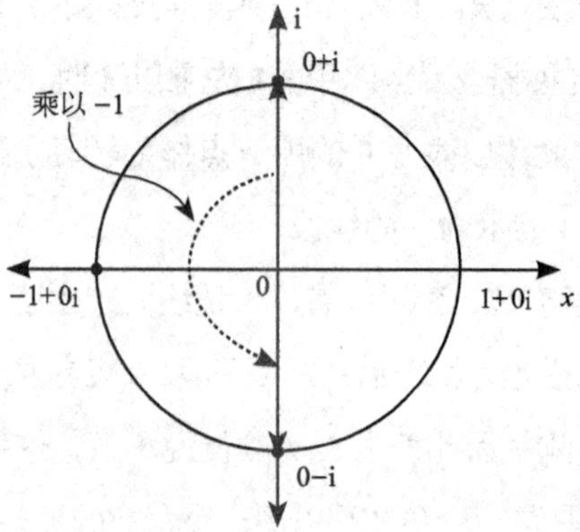

图 10.6

仅凭这一个例子证明不了很多东西。不过它确实说明，当我们将复数相乘解释为矢量旋转时，我们走对路了。而这又转而说明，按照矢量旋转来从几何上解释“乘以 i”可能也是合理的。例如，让我们来考虑如何沿着这个思路对 $i^2 = -1$ 做出解释。这个等式可以表示为 i × i= −1。这个根据定义而得出的等式也可以按照复数的形式写成 (0 + i) × (0 + i) = −1 + 0i。请记住，“× (0 + i)”与“乘以 i”是同样的意思，而我们在这个等式中乘以 i 的矢量也就是 0 + i 或 i。这个等式表明，当将“乘以 i”应用于表示 0 + i 的矢量时，我们最终应该得到表示 −1+ 0i 的矢量。而这就意味着“乘以 i”应该从几何上被解释为引起了一个 90 度的逆时针旋转。图 10.6 可以帮助你确认这是正确的，假如你想象将表示 0 + i 的矢量沿逆时针旋转 90 度，那么你就会看到它变成了表示 −1+ 0i 的矢量。

不过，倘若你假定“乘以 i”总是与矢量旋转 90 度相关，那么我们基于矢量而得到的结果会不会总是与非几何的计算方法一致呢？我并不打算在这里改变话题而去对这种一致性的必然成立给出一个正式的证明，也不打算展示许多例子来说明其成立。（相信我，这种一致性确实成立。）不过，我忍不住要提到另一个例子，在其中 90 度旋转所起的作用有如神助：计算 i^3，或者说就是 i 的三次方。将这一计算转化为矢量旋转时，它表示了飞鸟乐队（Byrds）的歌曲《转！转！转！》（*Turn*! *Turn*! *Turn*!）的一个简单的数学模型。（这首歌曲基于《圣经》中的一个段落，作曲者是皮特 · 西格。不过我记得最清楚的还是飞鸟乐队的版本。）

要将这个封装在 i^3 中的“转 – 转 – 转”取出来，将它写成 i × i × i × 1 的形式会有所帮助。这个乘积要求将表示 1（即 1 + 0i）的矢量沿逆时针方向相继进行三次 90 度旋转。经过这一过程后，该矢量指向 6 点钟位置，此时表示的复数是 0 – i，或者说就是 – i。这与我们根据算术方法所知的结果相符，因为 $i^3 = i \times i \times i = i^2 \times i = -1 \times i = -i$。图 10.7 画出了这种三重旋转。

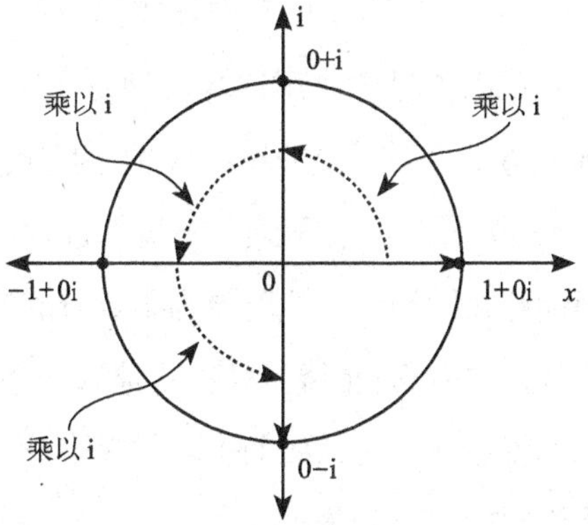

图 10.7

我们重申一遍，乘法运算“乘以 i”可想象成矢量在复平面上的 90 度逆时针旋转。虽然我所提供的支持这一概念的推理思路不同于韦塞尔当时首创几何解释时的想法，但是它所导出的 90 度旋转法则与从他的研究中得出的结果是相同的。将乘法与矢量旋转联系在一起，是几何解释最重要的元素之一，这是因为它将虚数与旋转运动明确地联系了起来。正如我们将会看到的，这可是一件大事。

到此刻为止，我们已论及的几何解释几乎足以将欧拉公式（$e^{i\pi}+1=0$ 或 $e^{i\pi}=-1$）转化为矢量数学，从而用一种发人深省的新方式来看待它。也就是说，我们知道如何将常数 1、−1 和 0 表示为矢量：将 1 表示为 1 + 0i 的矢量，−1 表示为 −1 + 0i 的矢量，0 则表示为一个极短的矢量，它由复平面上的一个点构成，与这个点相关的复数是 0 + 0i，即原点。我们还讲到了如何根据矢量相加来解释欧拉公式中的“+”，请回忆一下平行四边形法则。

不过，为了完成用几何方式来解释这个公式的过程，我们还必须面对一个更复杂的挑战：设计出一个矢量来表示一个实数的虚数次幂。说得明确些，我们必须找到一种方法来将 $e^{i\pi}$ 表示为矢量形式。

所幸，我们已经有了一条有力的线索，告诉我们 e 的虚数次幂在矢量数学中应该会做什么。它所给出的结果应该会与等式 $e^{i\theta}=\cos\theta+i\sin\theta$ 中 e 的虚数次幂一致。（基于欧拉的三种非几何推导过程，我们知道这个等式是成立的。）换言之，表示 $e^{i\theta}$ 的矢量应该用这样一种方式来解释：当我们将一个以弧度为单位的角（任意角）代入这些表达式中的 θ 时，由此得出的 $e^{i\pi}$ 总是表示 $\cos\theta+i\sin\theta$ 的矢量。如若不然，一直很好地为我们充当指导原则的几何计算与非几何计算之间的一致性就遭到了致命的威胁。

由此得出的结论是，如果我们能搞清楚如何将 $\cos\theta+i\sin\theta$ 转化为形象化的矢量语言，我们也就会知道应该如何去转化 $e^{i\pi}$。幸运的是，我们已经讨论了解决这个问题所需要的大部分概念。

在图 10.8 中，我重新绘制了三角学那一章中的一幅插图，以帮助你弄明白如何将你掌握的关于三角学的知识应用于眼前的这个问题。图中描述的是用矢量相加的平行四边形法则来将表示 $\cos\theta + 0i$ 的矢量与表示 i 乘以 $\sin\theta$ 的矢量相加，其中 $\cos\theta + 0i$ 是一个纯实数（因为 $\cos\theta$ 是实数），而 i 乘以 $\sin\theta$ 则是一个纯虚数[1]。（在本例中，平行四边形的邻边垂直相交，从而使它成为一个矩形。）

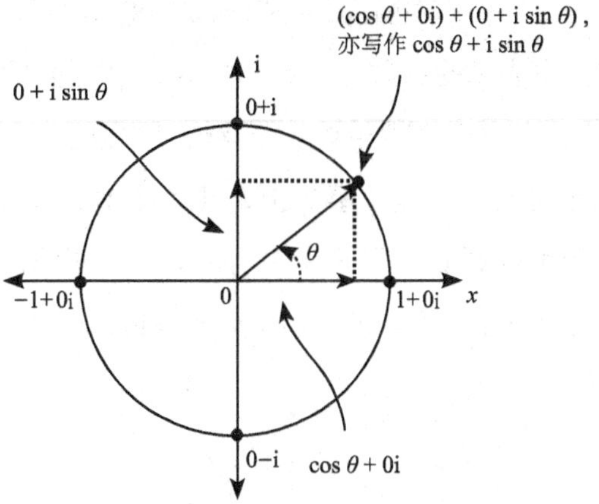

图 10.8

图中的合矢量表示复数 $\cos\theta + i\sin\theta$。顺便说一下，这个矢量和与通过算术方法进行复数相加所得的和相同：

$$(\cos\theta + 0i) + (0 + i\sin\theta) = (\cos\theta + 0) + (0i + i\sin\theta) = \cos\theta + i\sin\theta$$

正如你在这幅图中能看到的，表示 $\cos\theta + i\sin\theta$ 的矢量与三角学那一章中所想象的掠角线段十分相似。请回忆一下，掠角线段尖端的坐标是 $(\cos\theta, \sin\theta)$。你可能早就意识到了，$\cos\theta + i\sin\theta$ 就是这对坐标在复平面上的形式。基于单位圆的三角函数定义确保了在复平面上，与复数 $\cos\theta + i\sin\theta$ 相关的

[1]　θ 的正弦（或者写作 $\sin\theta$）是一个实数，正如 $\cos\theta$ 也是实数一样。因此，一个表示 $\sin\theta$ 的矢量在复平面上就会靠在 x 轴上，所有表示纯实数的矢量都是如此。不过，正如我们在本章的早些时候看到的，一个复数乘以 i 实际上就是将表示该数的矢量旋转 90 度。因此，当我们从几何上来解释 i 乘以 $\sin\theta$（写作 $i\sin\theta$）时，则要将这个表示 $\sin\theta$ 的、沿 x 轴停靠的矢量旋转 90 度，其结果是它会靠在 i 轴上。事实上，$i\sin\theta$ 就可以被描述为一个恰好停靠在 i 轴上的矢量。

点总是会位于单位圆上，正如在 xy 平面上，($\cos\theta$, $\sin\theta$) 也总是位于单位圆上。不仅如此，它所在的位置与 i 轴之间的水平距离是 $\cos\theta$，而与 x 轴之间的竖直距离是 $\sin\theta$。

从三角学那一章中借用另一个概念，就像图 10.8 里所表明的那样，我们可以把 $\cos\theta + i\sin\theta$ 视为一种装置，其作用是控制一个类似于半径的掠角矢量。再者，与三角学那一章中所描述的掠角线段的作用相一致，当我们将一个（以弧度为单位来表示的）数代入 $\cos\theta + i\sin\theta$ 中的 θ 时，就可以把这个掠角矢量想象成从 3 点钟位置沿逆时针方向转过该数量的弧度。

现在不要急于去看个究竟（事实上，请看图 10.9），请看下面的分解。不过我们已经得到了对 $e^{i\theta}$ 的一种看上去可信的几何解释，即 $e^{i\theta}$ **在几何上可以被解释为一个掠角矢量，它在复平面上的单位圆内旋转并掠过 θ 角。**

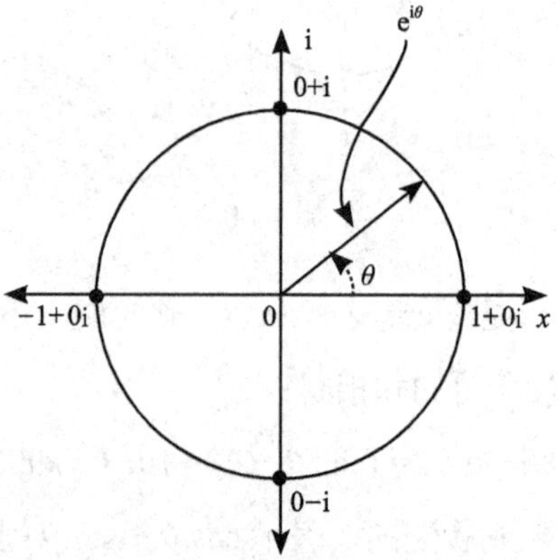

图 10.9

$e^{i\theta}$ 的几何解释提供了一种极为简洁而方便的方法来表示掠过角度。请注意图 10.9 中如何摒弃了杂乱的三角函数，因为从概念上来讲已经不再需要那些三角函数了。

现在，让我们来想象当将 $\pi/2$ 代入 $e^{i\theta}$ 中的 θ 时会发生什么。由于 $\pi/2$ 就等同于 90 度，因此 $e^{i\pi/2}$ 的矢量形式就可以解释为掠角矢量从 3 点钟开始沿逆时针方向转过 90 度后到达正午位置。这就意味着它最终表示的复数是 $0 + i$。为了检验这一矢量操作是正确的，我们可以将 $\pi/2$ 代入 $\cos\theta + i\sin\theta$（请记住，

这等价于 $e^{i\theta}$），并将它作为一个复数来处理。由于 $\cos \pi/2 = 0$，$\sin \pi/2 = 1$，因此我们就得到 $\cos \pi/2 + i \sin \pi/2 = 0 +(i \times 1)$，或者说就是 $0 + i$。而这当然是我们想要看到的结果。

同样，当我们将 π 弧度代入 $e^{i\theta}$ 时，此时表示它的那个掠角矢量沿逆时针方向转过 180 度（π 弧度），最终停留在 9 点钟的位置上。请注意，在掠过 π 弧度后，基于 $e^{i\theta}$ 的掠角矢量最终表示的是 $-1 + 0i$。假如我们将这段陈述翻译成关于复数的陈述，那么我们就得到 $e^{i\pi} =-1 + 0i$，或者写成更简单的形式 $e^{i\pi} =-1$。换言之，我们刚刚用几何方式得出了那个最美丽的等式。

对于欧拉公式的常见表示方式 $e^{i\pi} + 1 = 0$，其几何解释又是如何的呢？

这个等式的左边可以在几何上解释为将表示 $e^{i\pi}$ 的矢量（我们在上文中已经确定了它与表示 $-1 + 0i$ 的矢量是完全一样的）与表示 $1 + 0i$ 的矢量相加。而这个矢量和又可以转而想象成一个初始位置在原点并同时受到两个推力作用的物体的运动轨迹。（正如前文中曾提到过的，这种将矢量相加类比为推力作用是由矢量相加的平行四边形法则所指明的。）由于本例中相加的两个矢量像是指向相反方向而等长的两条带箭头的线段，因此假想作用在物体上的双重推力就彼此恰好抵消了，结果导致其运动轨迹仅仅是一个不动的点，即原点。而原点当然就是 $0 + 0i$——纯实数 0 的复数形式，也就等于等式的右边。

因此，本章介绍的主要信息是：**可以将 e 的虚数次幂描述为复平面上的一个旋转操作。将这一解释应用于 e 的"i 乘以 π"次幂就意味着可以将欧拉公式按照几何方式描述为模拟了半圈的旋转。**

在继续讨论这条信息的含义（在下一章和前一章中都论述了这条信息）之前，让我们先来简要地考虑一下几何解释如何使我们能够在思维中走捷径。

正如我们刚刚看到的，$e^{i\theta}$ 中的 θ 取 $\pi/2$ 时，可以将其描述为使单位圆内的一个指向 3 点钟的矢量逆时针转过 90 度，由此可得 $e^{i\pi/2} = 0 + i$，或者写成更加简明的形式 $e^{i\pi/2} = i$。请注意，我们不需要去摆弄三角函数，也不需要施加其他数学上的诡计，这种几何解释直接就把这个等式交到了我们手上。这种概念上的有效性基于这样一个事实：现在我们考虑的是二维的事物（复数），而这些事物被重新阐述为我们可以在头脑中通过简单的旋转来进行计算的矢量。在这种脑力上的有效性的帮助下，$e^{i\theta}$ 在工程学和科学中有了很大的用处。

现在来讨论这一主题的最后一种变化形式。让我们将 2π 代入 $e^{i\theta}$ 中的 θ，从而导致掠角矢量转过 360 度并最终回到它的初始位置，即指向 1 + 0i 的 3 点钟位置。这样我们就得到：

$$e^{i2\pi} = 1 + 0i$$

将上式两边都减去 1 并用 0 来代替 0 + 0i，该式就变成了：

$$e^{i2\pi} - 1 = 0$$

我们知道这个等式与欧拉公式一样历史悠久，虽然它的威望比不上 $e^{i\pi} + 1 = 0$，但是我认为它适合装框陈列。它的特点是，不但我们在那个著名公式中看到的 5 个非常重要的数都露面了，而且还出现了另一个非常重要的数 2，即“一对”，这是浪漫故事中的基本数字。我喜欢根据我妻子的名字将它称为艾丽西亚公式，她以前患有数学恐惧症，现在正在康复中。（她在此书撰写过程中乐意为我担任试读者。）

$e^{i\pi}$ 的几何解释有着十分丰富的象征潜力。你可以将它表示的 180 度旋转看成一名士兵的向后转、一位芭蕾舞演员的单脚着地旋转半圈、篮球运动中的一次转身跳投、某个启程去长途旅行的人回过头来挥手致意告别、太阳从黎明到黄昏的运动、从冬季到夏季的季节更替、一轮潮起潮落。可以跟它联系在一起的还有某人转败为胜、命运的逆转、生活的颠覆、杰基尔医生变成海德先生（反之亦然）[1]、转身远离损失或遗憾而面对未来、丑小鸭变成小天

[1] 杰基尔医生（Dr. Jekyll）和海德先生（Mr. Hyde）是苏格兰小说家罗伯特·路易斯·史蒂文森（Robert Lewis Stevenson，1850—1894）的名作《化身博士》（*Strange Case of Dr. Jekyll and Mr. Hyde*）中的主人公，他发明了一种药水，喝下后就可以在体面绅士杰基尔医生和邪恶矮人海德先生之间切换。——译注

鹅、久旱逢甘霖。你甚至还可以将它的显著对立面解释为暗示了基本的对偶性——阴影和光明、出生和死亡、阴和阳。数学历史学家爱德华·卡斯纳和詹姆斯·R. 纽曼曾经评论道，欧拉公式“对于神秘主义者、科学家、哲学家和数学家都有着同等的吸引力”。看起来它似乎也吸引着那些具有诗人气质的人，因为它暗示了当最基本的数中的三个结合在一起时，它们就会以某种方式突然焕发出生机，讲述起小鸭子和舞蹈演员、变化和告别的故事。

第 11 章

这一切的意义

到 19 世纪初，包括高斯在内的好几位数学家都已独立地建立起了用几何方法来表示复数的概念。不过，把复数看成矢量仍然是一个巨大的飞跃，而这样的一些飞跃在其发生之前通常都是极不显见的。确实，它甚至逃过了欧拉的慧眼。虽然他很熟悉矢量的概念，但是没有任何证据显示他曾将复数想象成矢量，从而可以通过在二维平面上巧妙地摆弄它们来进行计算。

表明这一进展的重要性的指标之一是，它吹散了长期以来包围着虚数的那层充满不可能性的气氛。事实上，韦塞尔和他的探究同伴们发现了莱布尼茨所说的这种鬼魅般的两栖动物的自然栖息地：一旦在那里描述虚数，我们就开始清晰地看到，它们的意义可以锚定在一个我们熟悉的事物（侧向或旋转运动）上，从而赋予它们一种前所未有的本体论上的重要性。它们与旋转的相关性也意味着它们可以从概念上与另一个我们熟悉的概念——振荡关联在一起。最终，以前令人困惑的幻影逐渐被看成物理学和工程学中的可靠参与者。这是因为除了其他方面的因素以外，它们还表示出了那些含有规律性的往复模式的现象。（特别是有一种这样的现象把这一点表述得入木三分：我们自己的身体每天都在通过生理周期昼夜发生着振荡。）

电气工程先驱查尔斯·普罗托伊斯·施坦因梅茨率先在与交流电[1]相关的计算中使用虚数。他的身材矮小且驼背，年轻时逃离了他的祖国普鲁士，移民到美国。抵达美国仅数月之后，他就开始取得一些对电力使用带来革命性变化的根本进展。1892 年，他加入了当时刚刚成立的通用电气公司，并且在此后不久就发表了一篇里程碑式的论文，其中阐明了如何使用虚数来大大简化交流电路分析。

饲养通常人们唯恐避之不及的动物是施坦因梅茨的乐趣，他在纽约州斯克内克塔迪市的宅邸中养了一群奇异的宠物，其中包括短吻鳄、响尾蛇和黑寡妇蜘蛛。学校教育革新是他的另一项业余爱好，他努力推行移民子女特殊班级。有一次，托马斯·爱迪生[2]来拜访他，他在爱迪生的膝盖上用莫尔斯码敲击出信息，使这位年岁已高、几近失聪的发明家兴高采烈。他晚年时被媒体称为“斯克内克塔迪的巫师”，在某一阶段还被冠上了更加煞费苦心的称谓：“从负一的平方根中发电的巫师”。

---

[1]　交流电是每秒钟多次反转方向的电流，从而使它具有与快速前后摆动的单摆相同的特征——振荡。利用变压器可以很容易使交流电的电压发生陡升陡降。这样就能以非常高的电压高效地从发电机远距离传输电力。随后为了相对安全地在家庭中使用，再由本地变压器将电压降下来。在电网中使用交流电而不是用从电池中流出的单向直流电，就是因为交流电能高效地传输到各处。

[2]　托马斯·爱迪生（Thomas Edison，1847—1931），美国发明家、商人，一生获得的专利超过1500项，其中留声机、电影摄影机、钨丝灯泡和直流电力系统等对世界产生了重大影响。他在 1892 年创立了前文提到的通用电气公司。——译注

欧拉的一般公式 $e^{i\theta}= \cos\theta + i\sin\theta$ 也为虚数的丑小鸭式故事完满结局发挥了作用。即使在几何解释为虚数带来新的阐述之前，欧拉就已根据这个公式弄懂了关于它们的一些非凡的事情。其中一个例子是计算 i^i 的值。关于这一点，我们在附录 2 中进行讲解。

将 $e^{i\theta}$ 解释为旋转矢量为利用这个紧凑的函数来为旋转和振荡构建特别优雅的数学模型铺平了道路。这样的“指数模型”使一些计算过程变得惊人地简单，而假如采用其主要替代方法（三角函数法）来进行这些计算的话，在许多情况下会困难得多。回忆一下，在上一章中，通过将 $e^{i\theta}$ 想象成一个掠角矢量并在头脑中旋转它，从而推导出 $e^{i\pi/2}=i$，这个过程变得极其简单。利用这些指数模型使得将微积分应用于基于 e^x 的函数变得如探囊取物，第 2 章中曾提到过这一点——$e^{i\theta}$ 提供了非常相似的使用方便性。

如今，欧拉公式对于电气工程师和物理学家们而言，就如同抹刀对于快餐厨师们一样基本。我们有理由认为，这个公式能够简化电路设计和分析，从而为 20 世纪电气科学革新的加速进行做出了贡献。

欧拉的那个一般等式引人注目的原因在于它在不同的数学领域之间建立了一种基本联系，此外还在于它在应用数学方面的广泛用途。欧拉时代之后，它逐渐被视为“复分析”（一个多产的数学分支，论述的是变量取作复数的那些函数）这个学科的一块基石。

不过 $e^{i\pi}+ 1 = 0$ 这个特例得到重视是由于它的美。是什么令它如同伟大的诗篇或绘画一样精致优雅？

我认为这个问题未必会有一个可以让认为这个公式很美的人都一致同意的简单答案。事实上，有些数学爱好者并不认为它有什么特别美的地方，他们甚至也并不认为它非常有意思，我们马上就会讲到这一点。这有助于表明，无论我们关注的是艺术还是数学，总是会出现情人之眼的问题。（这就是为什么美学给我的印象是，既具有无穷无尽的刺激性，又从根本上来说是荒谬的。）不过，尽管可能会冒险陷入一大堆相互抵触的意见之中，我还是觉得有义务来处理一下这个关于美的问题。

首先，让我来框定一下什么是我称之为美的。这不仅仅是由于这个等式由一串整洁小巧的符号构成，而且由于围绕着这个公式的全部意义产生了夺目的光环，其中包括它将许多概念汇集在一个具有惊人简洁性的命题之中。它引人瞩目地将表面上的简单性与隐藏着的复杂性结合在一起，它的推导过程在数学中互不相干的主题之间架起了一座桥梁，它蕴藏着丰富的含义，其中有许多直到它被证明是正确的多年以后才变得明显。我认为大部分数学家都会认同，这个等式之美涉及的大概就是这样的光环。

然而，又是什么使这个光环显得如此美丽呢？

词典中对美的定义是那些为感官或思维提供愉悦或深层次满足感的品质。这个定义很好，但它只是引出了另一个问题：为什么欧拉公式会引发愉悦呢？

关于这个问题的一个很好的起始点是伟大的英国哲学家和数学家伯特兰·罗素[1]提出的一段经常被引用的评述：

> 数学，如果正确地看待它，则具有一种冷峻而质朴的美，这就像是雕刻的美，不去迎合我们较弱的天性，没有绘画或音乐的那些华丽装饰，但有着崇高的纯粹性，并且能够达到只有最伟大的艺术才能显示出来的那种至臻完美的境地。真实的喜悦情绪，即亢奋的精神状态、超越人类的感觉，这是至善至美的检验标准，它存在于数学中，就如它存在于诗歌中一样确定无疑。

这段雄辩的宣告有着发人深思的丰富内容，但其中的第一句话令我感到困扰。罗素提到了一种冷峻的、质朴的、至臻完美的品质，这种品质不去迎合我们较弱的天性，这给我造成的印象是它加强了关于数学的那种不幸普遍存在的负面成见：它是枯燥的、令人生畏的和坚硬如石的。此外，他似乎还诋毁了音乐、绘画和其他艺术形式对于引发情感所起的那种可称为柔软的力

[1] 伯特兰·罗素（Betrand Russell，1872—1970），英国哲学家、数学家和逻辑学家，1950 年诺贝尔文学奖获得者，分析哲学的创始人之一。——译注

量，想必它们就是通过这些华丽装饰迷住我们的。也就是说，他在暗示酒神的王国比更严格、更纯粹的太阳神的王国要低一等，而且之后后者才与数学和伟大艺术之美联系在一起。

情感真是剪不断理还乱，并且与主观性有着密不可分的联系，而这看起来似乎与数学的严格客观性是对立的。不过，大脑边缘系统（大脑中与情感关系最密切的那一系统）对于我们的思维运作方式是至关重要的。我猜想，假如用某种方法将这个系统的活跃性大大调低，从而使一个人在深思（比如说）欧拉公式时能够体验到真正冷峻而质朴的愉悦，那么其结果所产生的精神状态就会类似于古怪的、像机器人那样的斯波克[1][2]。

由此可见，虽然情感也许是主观性的精髓，但它们绝不是我们较弱天性的组成部分。它们自动产生的效用是我们的思维过程中不可或缺的，假如没有它们，我们就会完全迷失方向，特别是我们会对美没有丝毫感觉，当我们在深思像欧拉公式这样的一件作品时更无法感受（这里又出现了这个词）到自己正面对着美。毕竟，当人们第一次带着深入的理解来凝视 $e^{i\pi}+1=0$ 时，它可以使人们由于被触发了大脑边缘系统而起鸡皮疙瘩。（我就是其中之一。）

不过，是什么导致这种传递给大脑边缘系统的震颤呢？我认为这缘于几件事情的综合，其中包括这个等式的严肃性、普遍性、深刻性、意外性、必

[1] 斯波克是 1966 年开播的美国连续剧《星际旅行》（*Star Trek*）中的主角之一，他的父亲是瓦肯星人，母亲是地球人。——译注

[2] 事实上，我认为斯波克虽然有其严格而质朴的逻辑，却有着一个完美运作的、与人类相似的大脑边缘系统。（毕竟他有一半是人类——他的父亲是瓦肯星人。）请注意，他几乎能毫无困难地与他周围的地球上的凡夫俗子们交流。因此，尽管他表面上缺乏情感，但他完全不像是一个严重自闭症患者，因为严重自闭症患者在涉及他自己的以及别人的情感时，基本上就是视而不见，因此几乎不能在社会上立足。事实上，我的感觉是，斯波克私底下具有很高的情商，而他伪装成如同情感方面的蠢人那样吹毛求疵，这正是他具有超凡魅力的原因。就我而言，每当他出场时，我都会觉得他使《星际旅行》中的其他角色都相形见绌了，而这不仅仅因为他尖耸的耳朵、逗趣的调侃智慧或精确的说话方式，在很大程度上是由于作为一个想来应该情商极低的生物，他却在社会交往中显示出反常的能力，因此他神秘莫测地对于我认为什么是可能的直觉感提出了挑战。

然性和简练性。20 世纪杰出的英国数学家 G. H. 哈代[1] 单单挑选出这些品质来作为数学之美的关键组成部分。（哈代非常关心数学之美的本质，因为他认为“丑陋的数学在世界上没有永久的立足之地”。这虽比不上济慈的著名公式“美 = 真”那么强有力，但也相当接近了。）

此外还有这个公式的优雅，数学家们用这个词来指明一种简明和深奥的精妙混合。再者就是在它的推导过程中，各不相干的概念以一种很酷的方式巧妙地组合在一起。我们从数学美的这一方面得到的极度兴奋，实质上就等同于人们在特定的年纪（比如说，我这个老顽童在 46 岁时得到的圣诞礼物是一套大型乐高积木组合）通过苦思冥想后明白了如何将精巧复杂的积木拼装成一架风车或一艘宇宙飞船。人类机械之神就是我们。

不过，我认为欧拉公式最重要的方面是引起了一种更为罕见、更为深刻的震颤：当我们遇到了人类有超越自我的实例时所产生的那种洋洋自得的感觉。从米开朗基罗、贝多芬、简·奥斯汀、乔治·艾略特和 W. H. 奥登的创作中，从查尔斯·达尔文、玛丽·居里和阿尔伯特·爱因斯坦的发现中，我也体验到了几乎同样的震颤。这就是罗素的第二句话所包含的内容，虽然他过时地使用“人类”这个词来指代我们所有人，但是他的表述十分精彩，他的措辞“超越的感觉”确实说得太好了。

相对于美，我在这里表达的意思更接近美学理论中所谓的崇高。关于崇高的概念可追溯到公元 1 世纪的希腊思想家朗基努斯，他用宏大的、唤起敬畏的思想或语句来描述这种概念。后世的思想家们设想崇高和美是不同的。前者想必与带有恐惧色彩的敬畏感觉相关，例如宇航员们在向着月球疾驰的过程中看着逐渐远去的地球时所产生的那种感觉，然而美主要针对愉悦。虽然这种区别很有意思，但是我觉得最突出的概念是由于超越的感觉而带来的洋洋自得。

关于崇高中包含着这种体验，中国哲学家曾立存是当代倡导这一理念的

[1] 高德菲·哈罗德·哈代（Godfrey Harold Hardy，1877—1947），英格兰数学家，在数论和数学分析领域都做出了重要贡献。——译注

主要人物。他在 1998 年出版的《崇高：通往一种理论的根基》一书中写道：“（崇高）唤醒我们意识到我们正处在从人类到超越人类的临界点上；它同时毗邻可能与不可能、已知与未知、意味深长与机缘巧合、有限与无限。”在他看来，没有任何一种本质特征是崇高的作品或崇高的自然物体所共有的，也没有任何一种感情状态是它们都会引发的。但他也提出，在对崇高的体验中存在着一种共同的主线，那就是它们会将我们带领到“某种人类可能性的极限”。

欧拉公式在现代数学家们看来可能是很基本的，不过他们之中有许多人仍然觉得它具有一种奇特之美。我认为这也许在很大程度上是由于他们对它保持着一种鲜活的感觉，即它象征着超越的感觉。它表现的是一个真实的故事，讲述一位近乎超自然的天才如何超越了曾经看来的不可能，从而得到了一条深刻的、几乎是奇迹般的简明真理。因此，他们对它的熟悉感没有滋生出对它的轻蔑之心。对于他们也好，对于我也好，欧拉公式永远都是一种欢欣。

这种令人欣然自得的、与崇高相关的美相对而言比较罕见，而美这个词当然也适用于其他类型的事物。不过正如罗素提出的，伟大的数学和伟大的艺术都具有美。这就指出了美学中一个长期存在着的难题：某些作品怎么会经历世世代代仍然被珍视为美的 / 崇高的，这是否在某种程度上违背了时尚不断曲折前进的方式，而使那些感官或思维上的愉悦或深层次的满足感经得住持续不断的反思？例如，许多旧石器时代的洞穴壁画自创作之日起一直被广泛认为具有崇高的美。我曾在法国近距离地观看过它们，可以证实它们的华美确实令人发根竖立、难以置信。欧拉公式同样保持着对世世代代数学家们的超凡吸引力。在第 1 章中提到过的大脑扫描研究中也包括数学家们对于某些等式的神经反应，研究结果说明了其中的原因：数学和其他领域中的美的持久性至少在某些情况下基于人类思维中的一些普遍存在的方面。美也许存在于这位观者的大脑中，但是当多位观者面对着真正崇高的稀世珍品（比如说欧拉公式）时，他们的大脑（包括他们的大脑边缘系统）似乎做出了相似的反应。

不过，还有些人坚持认为欧拉公式的价值被言过其实了。他们说，这个公式是显而易见的，不存在任何神秘，没有任何悖论，也没有触及存在的深度。

我在许多网上的评注中看到过关于这一主调的各种变化形式。有一位博客撰写者甚至宣称欧拉公式如此简单，以至于“小孩子们”都理解它的意思。法国化学工程师、作家和业余数学家弗朗索瓦·勒利奥内也摆出同样的厌倦姿态，他写道：“（这个公式）看起来即使不算平淡无趣，至少也是完全自然而然的。”1988 年展开的调查将欧拉公式列为数学中最美的成果，而那次调查中的一位持怀疑态度的应答者的评论是，这个公式“太简单”，因而不足以称它具有至高无上的美；另一位应答者显然认为它只不过“根据”它各项的“定义就是成立的”，因而给它评了很低的等级。

我对于这些意见的看法很可能不会令你感到惊奇，在我看来他们就是事后诸葛亮。

确实，欧拉的等式缺乏新奇的魅力，也没有数学中那些尚未解答的大问题所具有的感召力，并且它的推导过程相对于（比如说）费马最后定理的证明而言显得直截了当。1995 年，数学家安德鲁·怀尔斯对费马最后定理给出的著名证明过程超过 150 页[1]。不过，我认为如果有人断言欧拉公式是显而易见的，或者坚持认为它所揭示的那些联系还不至于令人惊异，那么他们表现出的不但是对于珍品的可悲的、迟钝的感受，还缺乏从历史角度看问题的洞察力。他们似乎认为理解和珍品在本质上是互不相容的，并认为对欧拉公式感到惊奇的人要么自命不凡，要么在数学方面天真无知。同样的逻辑也意味着，对米开朗基罗的《大卫》感到惊奇与完全理解它如何由大理石雕刻出来是互不相容的。

[1] 1637 年，法国数学家皮埃尔·德·费马（Pierre de Fermat）猜想，如果正整数 a、b、c 的指数 n 都是大于 2 的正整数，那么没有任何 a、b、c 满足以下方程（即使该方程成立）：$a^n + b^n = c^n$。这一猜想后来被称为费马最后定理（Fermat’s Last Theorem），数学家们花了 300 多年的时间去尝试证明它，直到安德鲁·怀尔斯最终做到了。不过，对于 $n = 1$ 或 $n = 2$ 的情况，我们很容易求出满足方程的 a、b、c 值。例如，$3^2 + 4^2 = 5^2$。

那些断言这个公式近乎枯燥乏味的人也许是在含蓄地声称，当你掌握了这个等式中所结合的那些主要数学概念并知道了如何推导它之后，你就会发现它并不比 $2+2=4$ 更有趣或更深奥。不过，对我而言，这类似于一位跨栏冠军在宣称："嘿，大伙儿，在你尽可能快地全速奔跑的过程中跳过一堆三英尺半高的障碍实在没什么大不了的。我可以马上向你展示这简单到多么荒谬可笑的程度，即使小孩子也能做到。"

数学家们花费了数个世纪的时间才取得导向这个等式及其几何解释的概念进展。19 世纪之前的众多杰出数学家都对这些概念一无所知，其中的原因是显然的：它们不是显而易见的，就是这么回事。而理解如何导出这个公式只是更进一步强调了这个奇迹的轨迹。请再次考虑一下 $e^{\theta}=1+\theta+\theta^2/2!+\theta^3/3!+\cdots$。当我们将 1 代入 θ 时，这个等式就变成了 $e=1+1+1/2!+1/3!+\cdots$（因为根据定义，阶乘 0! 和 1! 都等于 1）。虽然人们知道了如何从一些基本原理出发导出这最后一个等式，但我还是觉得它不仅美，而且令人惊异。这个等式明示了从另一个角度来观察，那个乍看之下凌乱的、永远无序的无理数 e[这是由它的定义得出的：e 是当 n 趋向于无限时 $(1+1/n)^n$ 的极限] 竟然是一个有序性和简单性的完美范例，事实上它只不过是 0, 1, 2, 3,⋯的一个稍加乔装改扮的形式。

数学家基思 · 德夫林将欧拉公式比拟为莎士比亚的十四行诗。他总结了这样的惊异似乎是在告诉我们什么。他写道："（这样一个公式）当然不可能是纯粹的偶然事件。相反，我们必定从中瞥见了一种丰富的、复杂的和高度抽象的数学模式，它的大部分隐藏在我们的视野之外。"那些说欧拉公式是不值一提的老一套的人，他们所隐含的意思是，他们能觉察到这种模式的整体及其所有含义。也许他们确实具有难以置信的天赋，并且设法做到了这一点。对此，我至今还未见到令人信服的证据。

不过，对于欧拉公式的这种大煞风景的看法，我的主要反对意见与一个实际问题有关。我所认识的那些最善于启发心灵的教师都天生具有一种充满感染力的热情，他们似乎是用充满激情的初学者的毫无经验的眼光来看待他们的学科的，从而来交流其中的知识所带来的兴奋。在解释事情时，他们看起来常常像是在重新体验，或者至少是在重现他们初次爱上他们的专业时的情况是怎样的。在本书中，我也在尽力这样去做。那些大煞风景的人误以为这样的方法是头脑简单。尽管见仁见智无需争论，但我必须承认，我不会希望这些人来给我的孩子们当数学老师。数学在许多人看来显得枯燥，我深信这在很大程度上是由于他们从未理解过这样一个事实：数学中充满了美和惊异。这些大煞风景的人似乎想要将这个事实掩藏起来，仿佛是为了证明：严格 = 僵化。

我猜想，在一颗遥远行星上的智慧生物也会发现我们的数学课本中所刊印的许多基于数字和逻辑的关系，其中也许就包括欧拉公式。这种信念反映了我的这样一种观点：数学是以一些独立于我们的思维之外的模式为基础的，因此数学关注的是客观真理。这种直觉帮助我形成了对欧拉公式的思考。在某种程度上，这是心照不宣地贯穿在本书之中的。

像 $1 + 1 = 2$ 和 $e^{i\pi} + 1 = 0$ 这样的命题表达了独立存在于人类思维之外的真相，这种理念被称为数学柏拉图主义。G. H. 哈代是最突出的现代数学柏拉图主义者之一。他在一篇论述他毕生研究的短文中写道："我相信数学现实存在于我们之外，而我们的职责是要发现或注意到它，我也相信我们证明了的那些定理，而且大言不惭地将其描述为我们'创造的'那些定理，但这些只不过是我们对我们注意到的结果的注释。自柏拉图以来的许多享有盛誉的哲学家都以这样或那样的形式持有这种观点……"

虽然我倾向于柏拉图主义的一种形式，但哈代的纯粹主义形式对我并没有什么吸引力。哈佛大学的数学家巴里·马祖尔在他的《想象数字（尤其是负十五的平方根）》[*Imagining Numbers* (*Particularly the Square Root of Minus Fifteen*)] 一书中恰当地描述了我在这一主题上所经历的矛盾心理："在数学世界似乎不宽容的那些日子里，其中有着如同宝石般坚硬的苛求，这时我们就全都变成了热忱的柏拉图主义者（数学对象都'就在那里'，等着我们去发现或不发现），于是数学就完全是发现。而在另一些日子里，当我们看到某人……似乎仅仅依靠意志力就拓展了我们的数学直觉的范围时，数学发明的自由和开放的宽容性令我们眼花缭乱，于是数学就完全是发明。”

不过，很少有人表达出这样的矛盾心理，而关于数学基本性质的争论长期以来一直是拳击的哲学变种，其中充斥着大量的快速摆动、躲闪和猛击一拳。有时这些战斗甚至蔓延到非技术类出版物中。例如，20 世纪 80 年代和 90 年代，两位著名的重量级人物——数学科普作者马丁·加德纳和数学家鲁宾·赫什在像《纽约书评》（*The New York Review*）这样的一些出版物中就此发生了笔战。2010 年去世的加德纳是一位数学现实主义者（数学现实主义从根本上来说与柏拉图主义是相同的）。他提出：“即使宇宙中的所有智慧头脑都消失，宇宙仍然会有数学结构，而从某种意义上来说，甚至那些纯数学定理也会继续‘成立’。”

赫什也是一位非常著名的作家（1981 年他与数学家菲利普·J. 戴维斯合著的《数学体验》（*The Mathematical Experience*）一书赢得了美国国家图书奖），他反驳道，数学是一种人类文化的构建物，离开了人们的头脑就没有了真实性。在他看来，数学中的命题都是像制度或法规这样的发明出来的“社会客体”。因此，数学在任何永恒的意义上都成立的说法是错误的，甚至像 2 + 2 = 4 这样的命题也缺乏一贯正确性。尽管他说数学是客观的，但他对客观一词的解释是指“所有符合资格的人检验后都一致同意的”——在某种意义上来说不是“就在那里”。他还补充道：“说 [数学] 实际上‘就在那里’表达了一种超凡确实性的所及范围，而这是任何人类活动都无法达到的。”

赫什的著作中还有许多值得推荐的内容。例如，他在 1997 年出版的书中对数学基本性质的叙述具有高度的可读性。不过，我怀疑他和其他的数学“社会建构主义”理论提倡者都可能并没有把许多柏拉图主义者争取过来。例如，加德纳在 1997 年对这些理论的一篇评论中热切地重申了他的观点：“世界就在那里，在那里的世界，即不是由我们所创造的世界，它并不是一片到处都毫无二致的尘雾。其中包含着无比复杂和美丽的数学模式……

只有狂妄自大的人才会坚持认为直到人们发明了数学并将它应用于世界，这些模式才具有数学性质。”

2000 年，认知科学家乔治·莱考夫和拉斐尔·E. 努涅斯在他们所著的《数学从何而来：具身心智如何使数学形成》（*Where Mathematics Comes from: How the Embodied Mind Brings Mathematics into Being*）一书中对数学柏拉图主义发起了另一次挑衅式的攻击。他们承认赫什“长期以来一直是[他们]心目中的英雄之一”。不过，他们并不同意社会建构主义理论的大多数激进含义，强调说明他们自己“不是在采纳一种认为数学**只不过是一种文化人工制品**的后现代主义哲学。”（强调部分是引文原来就有的。）

莱考夫和努涅斯设想，数学——或者至少是基本算术知识——扎根于我们的感觉和运动的体验。例如，我们小时候将量尺长度的概念表示为一个数的大小。像这样的“基础性的比喻”将基本数学锚定在客观可知的真实世界中。这一真实世界包括我们的神经和其他身体器官，因此他们就在数学思辨之中用了“具身”这一词汇。在他们看来，“无论是什么文化，二加二总是等于四”，因为这样的一些命题是基于真实世界的客体的，而这些客体具有诸如稳定性、一致性、普遍性和可发现性等不依赖于文化的品质。

根据他们的理论，比较复杂的数学概念（比如欧拉公式）则基于那些将各种数学概念联系和融合在一起的“概念性的比喻”。他们解释道，比如说要将正弦和余弦函数概念化为基于像 $\theta^n/n!$ 这样的项相加所得的无限和，就必须将一些概念性的比喻融合在一起。这些概念性的比喻包括将函数表示为数、将数表示为由其各部分和极限相加所得的整体。

他们认为，数学柏拉图主义者们错误的根源在于数学主要是由层层叠叠的概念性的比喻构成的，而这些概念性的比喻仅存在于人类的头脑之中。在他们看来，相信数学具有某种“超越”现实的信念是一种没有经验支持的神秘主义信条。他们还进一步断言，数学柏拉图主义对数学中的一种精英主义文化起支配作用，以致它“助长了不可理解性”，并“对公众普遍缺乏足够的数学训练起到了推波助澜的作用”。（现在明白我说的挥拳相向是什么意思了吧？）

数学中常常突然出现的那些令人惊异的关联对这场辩论产生了影响。它们是否明示了数学模式独立于我们的思维之外而存在，而我们有时只是逐渐察觉到它们，并将它们拼凑成一个完整形态？这就像是从一架飞机上透过云层看见一闪一闪的反光，而结果发现那就是伊利湖[1]。又或者它们是否源自于这样一个事实：数学家们有时发明出的概念上的比喻如此复杂精细地相互连接在一起，以至于人们常常要花费很长时间才能理解其中隐含的所有关联？

有许多数学进展初看起来不过是一种抽象的、基于规则的游戏的产物。最初它们对于现实世界并不产生任何影响，而后来豁然开朗，令人惊诧地非常适合用来表现物理现象。对于这些进展又该怎么说呢？欧拉的那个一般公式就是其中的一例，在欧拉推导出此公式后很久，工程师们才发现这正是他们在模拟交流电路时所需要的。此类离奇的巧合常常类似于奇幻小说中的情节转折："山姆忽然意识到，他从古埃及木乃伊身上取下来的这个神秘饰品实际上是一把钥匙，能够打开通往超毒参属植物反应堆控制室的大门。"

物理学家尤金·维格纳很出名地将这种现象称为"数学在自然科学中超乎情理的有效性"。在我倾向于柏拉图主义的那段日子里，我认为这种有效性是在暗示数学就在那里，并且独立于我们之外而成立。不出意外，莱考夫和努涅斯提出了异议，他们在《数学从何而来》一书中断言："无论'适合'这里的是什么，它都处于数学和世界之间，发生在科学家的头脑之中，这些科学家近距离地观察过这个世界，很好地学会了（或者发明了）恰当的数学，并（常常是有效地）利用他们太过人性的思维和大脑来将它们组合在一起。"

畅销书《数学盲：数学无知及其后果》（*Innumeracy: Mathematical Illiteracy and Its Consequences*）以及其他引人入胜的书的作者、数学家和作家约翰·艾伦·保罗在一篇为莱考夫和努涅斯撰写的书评中提供了一种我觉

[1] 伊利湖是北美洲五大湖之一，位于加拿大与美国交界处。——译注

得很有感染力的“准柏拉图主义”中庸之道。他写道：“算术也许……在这样一种意义上来说是超验的：任何有感知力的生物最终都会建立起一些以它为基础的比喻，并在其带领下发现种种算术真理，于是我们就可以说这些真理是宇宙中固有的。”（在这场辩论中常常提出此类假象的生物，例如赫什就曾考虑过“来自类星体 **X9** 的小绿人”可能也搞数学，但又认为他们的数学很可能与我们的大相径庭。）

保罗的准柏拉图主义吸引我的很大原因是它符合我的一种预感：如果在遥远处存在着有感知力的生物的话，那么塑造出他们的大脑的进化过程很可能会与产生人类智慧的过程具有相同的运作方式。基本的数量和抽象的能力在许多情况下可以赋予一种达尔文学说中的优势。例如，对于在资源有限的环境中聚集在一起并相互交换货物及劳务的生物而言，这样的才能会具有不可估量的价值。基于这一逻辑，进化论思想家哈伊姆·奥菲克从理论上说明，资源交换有助于推进大脑容量和认知能力的爆发式增长，从而导致了现代人类的产生。正如他所提出的：“交换需要在沟通、量化、抽象和时空中定位与定向方面具有某些程度的机敏，所有这些都依赖于（即施加选择性的压力于）人类思维的语言、数学甚至艺术方面的才能。”

在这种具有了数学能力的大脑结构开始起作用之后，来自同等才智的竞争压力就可能导致军备竞赛中出现的那种正反馈，从而快速提升这样的大脑器官。在某一阶段，这种过程也许会导致大脑能够获得那些复杂的、与数学相关的模式。

这些推断与认知科学家的研究成果是一致的。例如，除了刻画成年人数学能力的神经基础的脑成像研究之外，对于婴儿出现基本数字感的研究同样也表明我们生来就具有基本的算术能力。关于这一课题，巴黎法兰西学院的教授斯坦尼斯拉斯·德阿纳开展了一些有影响力的研究。他提出的理论是，我们具有专门演化来表现基本算术知识的脑回路。这样的脑回路也可以支持高水平的数学思维。他和同事玛丽·阿马尔里克通过脑成像明示，数学家们的高水平数学思维激活了一个似乎在很大程度上用于数学推理的脑网络。

很重要的一点是，这个与数学相关的网络完全不同于更近期演化出来的语言中心。也就是说，人类的数学能力在进化上来说是相当古老的，这表明在条件适合像人类这样的智慧发生进化时，自然选择早期激励的就是这类能力。除了别的方面以外，这可能还解释了为什么我们常常能够凭直觉就知道一些数学命题是正确的，而无法清晰地说明它们究竟为什么是正确的。（例如，德阿纳观察发现，一个典型的成年人能够快速确定 12 + 15 不等于 96，而不必对如何完成这一认知上的成就多做内省。）当这类事情发生在数学家们的身上时，他们就可能会觉得自己必须为他们已经感觉到必定正确的这些定理或公式想出证明。阐明这种现象的最生动的例子莫过于令人震惊的、无师自通的数学家斯里尼瓦瑟·拉玛努扬。

拉玛努扬早年的大部分时间都在印度过着贫困的生活，并且两次上大学都名落孙山了。1913 年，他给剑桥大学的 G. H. 哈代寄去了一份 10 页的手稿，其中包括一组他凭直觉写出的公式。哈代在仔细研读这份手稿的过程中产生的惊异不断攀升，之后他评论说，其中的一些公式“使我感到完全被挫败了，我以前从未见过任何与它们丝毫相像的东西”。虽然拉玛努扬的手稿中没有包括证明，但是哈代断定这些奇怪的公式中的大部分必定是正确的，因为正如他所说：“假如它们不是正确的，那么没有任何人有足够的想象力把它们发明出来。”哈代很快就开始告诉同事们，他在印度发现了一个新欧拉。像那位伟大的瑞士数学家一样，拉玛努扬也有着一种感知到隐匿关联的离奇能力[1]。

1914 年，哈代安排拉玛努扬前往剑桥大学与他及他的同事、数学家 J. E. 李特尔伍德合作。然而，拉玛努扬空想出这些令人瞠目结舌的公式，触犯了数学传统主义者们。他们认为不给出证明的公式很可能只是胡说八道，并

[1] 这里仅给出拉玛努扬的许多具有挑战性的公式之一：$(1 + 1/2^4) \times (1 + 1/3^4) \times (1 + 1/5^4) \times (1 + 1/7^4) \times (1 + 1/a^4) \times \cdots = 105/\pi^4$，$a$ 表示下一个素数。这个等式左边的无限乘积基于连续素数的 4 次方。素数是指那些大于 1、只能被它们自身和 1 整除的整数。3 是一个素数，而 4 就不是素数，因为它能被 2 整除。前 9 个素数是 2、3、5、7、11、13、17、19 和 23。素数能无限延续下去，这解释了拉玛努扬那个公式中乘积末尾处的省略号。这个公式明示了 π 和素数之间有着深刻的联系。——译注

把那些源源不断地给出这些公式的人看成与骗子无异。拉玛努扬来到英国之后还遭受着日益严重的健康问题，其中包括肺结核和一种导致他住院治疗的严重维生素缺乏症。他返回印度后不久，便于 1920 年去世了。

有一次，哈代去伦敦的一家医院看望他的学生，从而体验到了拉玛努扬的才智。这个事例已成为数学史上最著名的奇闻轶事之一。哈代叙述道："我乘坐的是一辆车牌号码是 1729 的出租车，并 [对拉玛努扬] 评论说这个数在我看来相当无趣，希望它不是一个不祥之兆才好。而他回答说：'不，这可是个十分有趣的数。它是可以用两种方式表示为两个立方之和的最小数字。'" 拉玛努扬指的是 $1729 = 1^3 + 12^3 = 9^3 + 10^3$，他已经将这个事实记录在了他的一个笔记簿里。

哈代和拉玛努扬都是数学柏拉图主义者，不过他们在柏拉图主义者阵营中又分属两派。哈代是一位无神论者，因此对他来说，数学事实的独立存在与神启无关。拉玛努扬则相信他的数学洞察力是来自印度女神纳玛姬莉的礼物，他还说过一句很有名的话："除非一个等式代表了神的一个想法，否则的话，它对于我毫无意义。"

看起来他们似乎只能在这个问题上求同存异了。事实上，我认为人们在这场关于数学基本性质的辩论中所持有的立场（比如说世俗的哈代的柏拉图主义立场和宗教的拉玛努扬的柏拉图主义立场）就公理化的信念与细察那些已确立的事实而言，一般来说与前者的关系更为密切。而这至少部分是由于引起数学直觉的思维过程通常是我们思维中有意识的、明确表达的那些部分无法直接达到的。哪怕最精密的脑成像研究对于这些思维过程也几乎不能告诉我们些什么，因此在这一方面我们只能猜测数学真理为什么似乎具有一种特殊的必然性。不过，我仍然愿意认为，我的这些准柏拉图主义思索虽然只是迈向一种解释的第一步，但其中的路线是对头的，至少它们与我们所知道的关于进化和人类大脑的认知是一致的。

但是，无限的情况又如何呢？在真实世界中，我们从未遇到过事物有无限多的数量，也从未遇到过无限小的物体，那么基于这种至关重要的数学概念的比喻如何才能在有感知力的生物中产生呢？当然，有宗教观念的柏拉图主义者对于解释我们关于无限的概念是毫无问题的：根据他们的基本信仰，在我们传递具有无限观念的上帝的想法时，就会想出这些概念了。不过，我还是更想要一种符合我的世俗化准柏拉图主义的解释。

我们不难赞成这样一种概念：与亚里士多德的潜在的无限相关的那些比喻都带有常见的真实世界体验的印记。例如，在与孩子们长途旅行过程中的标准问答过程是："我们到了吗？""还没到。"过了一会儿以后它就变成了"看起来我们好像永远也到不了"之类的抱怨，这说明在有感知力的年轻地球生物中间几乎普遍具有构思出（用亚里士多德的话来说）"在我们的思想中永不耗尽"的事物的能力。

但实际上的无限看起来是不同的。拿我来说，我就无法真正理解它。（我并不是指现代数学中根据极限来对无限所做的概念化。更确切地说，我的意思是指那个形而上学的怪物——那个东西，当它没有被小心地包裹在数学框架的聪明遁词之中时，它就会将那些可怕的悖论降临到我们身上。）我至多只能基于我所体验到的很长的距离（驾车穿越美国）、大批量的东西（海滩上的沙粒）和很小的物体（非常小的灰尘微粒），对实际的无限唤起一种极其粗糙的概念。

不过，我所偏爱的准柏拉图主义并不需要将那些独立存在的模式完全精确地投射到思想领域。即使实际的无限在真实世界中并不存在（从某种意义上来说，我并不是在宣称它不存在，我在这里对此保持不可知论观点），那些独立存在的模式（所有的那些沙粒，等等）仍然能令人联想到其基本概念。因此，我看不出有什么理由要将实际的无限以及建立在其上的各种定理从可能具有有限种超越性（我将其归因于数学）的概念的集合中排除出去——类星体 X9 上的数学家们几乎肯定会想到实际无限的比喻，正如它们在地球上那样。

具有讽刺意味的是，莱考夫和努涅斯的理论可以被解读为支持这一准柏拉图主义观点。他们提出，人们将那些无穷无尽的过程设想为“具有一个完结和一个最终的结果”，从而将实际的无限概念化。也就是说，我们通过比喻的方法将完结与基于过程的潜在无限融合在一起，以此来设想实际的无限。他们还建立了这样一种理论：数学家们总是用这种“对无限的基本比喻”（Basic Metaphor of Infinity，BMI）来对数学中出现的各种实际无限的情况进行概念化，例如无限集和无限和的极限。他们的 BMI 在我听来像是一切有感知力的生物在着手发明和发现数学时都很可能会想到的那种概念。

虽然我与莱考夫和努涅斯在某些问题上的看法南辕北辙，但我完全赞成他们的书《数学从何而来》在教学方面起到了重要的推动作用，该书对在数学教育中应更注重比喻提出了充分的理由。和他们一样，我也认为我们在很大程度上是通过在不熟悉的新奇事物和熟悉的思维建构之间建立联系而逐渐理解新事物的。广义的比喻帮助我们通过基于我们所熟悉的概念来对那些新奇概念做出一些推断。正如莱考夫和努涅斯极为明确地阐明的观点，数学中充满了这样的比喻。

数学中具有的标准的简练表达风格（所有这些符号）使我们有可能将许多概念上的比喻压缩到单单一个等式或一条定理之中。这才有可能带来高度的优雅和简练。不过对于学生们而言，它看起来可能就像是满怀恶意的数学政体凭空想出来的一套施虐工具。要想在初次邂逅时就能理解数学中的那些错综复杂的概念混搭，哪怕是对于一个懂得很多数学知识的人来说也是极具挑战性的。比喻上的详细阐述（莱考夫和努涅斯是这样称呼它的）在数学学习者们努力去搞懂此类高端混搭时能提供极大的帮助。

为了说明如何做到这一点，他们在他们的书中专门用了 70 页的篇幅，针对欧拉公式做出了令人印象深刻的清晰阐述。但是这样的解释（也包括他们这些书中所提供的这种）在一个重要的方面必定总是不完整的，因为它们无法告诉我们，欧拉是如何觉察到那些通向这个公式的隐匿小径的。当然，他所设计的那几种证明提供了些许线索。不过，由于拉玛努扬的故事带来的启发，我认为数学证明一般来说都是对我们的有意识思维多半无法触及的那些直觉过程所提供的事后注解。德国物理学家海因里希·赫兹[1]提出的一条令人难忘的评论对此可谓一针见血，他写道："我们无法摆脱这样一种感觉：这些数学公式都具有独立的存在和它们自己的灵性，它们比我们更睿智，甚至比它们的发现者更睿智，我们从它们之中得到的东西超过了最初的投入。"

我并不认为这是对柏拉图式神秘主义的认可。它只不过强调了这样一个事实：像欧拉公式这样的一些公式，其全部意义都与人类思维如何运作这一纵深奥秘联系在一起。因此，很可能要一直等到这个奥秘以一种详细的方式得到解答，此时关于数学基本性质的一些激烈争论才会得以缓解。无论如何，就我所知，还没有人能比赫兹的这句话更清晰地表达出数学柏拉图主义（即准柏拉图主义）背后的基本直觉。他还成功表达出了我所体验到的对于像欧拉公式这样的公式的深度、惊异和美所带来的同样的惊奇和欢愉感，我在本书中也设法表达出这种感觉。

在撰写关于欧拉公式的内容的过程中，我回忆起我在波士顿艺术博物馆看到过的一座雕塑，它给我留下的印象与这一主题产生了优美的联系。我在思考这座雕塑时所产生的一种顿悟很适合用来作为本书的结尾。

这是由美国艺术家约西亚·麦克尔赫尼创作的一座雕塑，它采用了半透明的双向镜来产生一排排反射的瓶子和其他玻璃器皿，它们看起来就像是延伸到这件艺术品的无限纵深处。这种对无限的视觉暗示令人想起欧拉表明的盘绕在 e^{θ}、$\sin\theta$ 和 $\cos\theta$ 之中的那些无限和的精巧模式。

不过，当我在脑海中凝视着这座雕塑的视觉深度时，我突然想到，这座雕塑也表达出对于一些崇高、深刻的事物的具体比喻。我们在忙于日常事务

[1] 海因里希·赫兹（Heinrich Hertz，1857—1894），德国物理学家，1887 年首先用实验证实了电磁波的存在。由于他对电磁学的巨大贡献，因此频率的国际单位制单位以他的名字命名。——译注

时常常忽视了它们，直到有一天，比如说你第一次将初生的儿子或女儿抱入臂弯，或者知道你挚爱的人或动物死去，又或者历史上最美的思想之一提醒我们一直以来我们都疯狂地在我们每天的单位圆中东奔西跑，你才发现无限这个可以给我们一种如此真切感觉的奇思异想原来一直安静地躺在表面之下。

附录 1

欧拉的原始推导

在下文中，我会重复欧拉对 $e^{i\theta} = \cos\theta + i\sin\theta$ 的第一种证明，其中用到的数学知识比本书其余部分要略具挑战性一些。不过，假如你读过三角函数那一章并对其中的基本代数游刃有余的话，那么本节的大部分内容看起来都会很熟悉。（倘若你对代数不能应付自如的话，那么我还编制了一张关于相关代数公式的速查表。）接受这一挑战还会获得一项重大奖励：你能够站在一位天才的肩膀上看到他拼凑出一项伟大发现的过程。

首先来一段具有数学史气氛的背景音乐。

欧拉在 1748 年出版的两卷本著作《无穷分析引论》（*Introductio in Analysin Infinitorum*）中给出了他对 $e^{i\theta} = \cos\theta + i$

$\sin\theta$ 的最初证明。这本《无穷分析引论》基本上是一部高端的微积分预备知识课本，其目标是让 18 世纪学习数学的学生们熟悉无限的概念及其引发的那些棘手问题，而这些学生当时所倚仗的坚实基础是那些众所周知的代数技巧。他们随后可能还要努力对付微积分中的无限，这在当时来说仍然是一个正在逐步发展形成的数学分支。（欧拉后来写出了他那个时代关于微积分的最权威的课本。）在《无穷分析引论》的各主题中，欧拉讲到了在计算中使用无限大和无限小的数、无限和的演算以及用无限和来表示三角函数。

尽管这本书从表面上看是一本教科书，但它实际上更像是一篇很长的研究论文，并且其中包括了大量的第一。举例来说，其中提出了函数的第一种现代定义；在三角函数中将单位圆摆在了显要位置；创立了正弦、余弦和其他三角函数的现代定义，并确立了我们至今仍然在用的缩写符号，比如说 $\sin\theta$；还将 π 定为与圆相关的那个著名数字的标准符号。历史学家卡尔·波伊尔在 1950 年的一次演讲中将《无穷分析引论》称为现代最具影响力的数学课本，其重要性堪比欧几里得的《几何原本》。

这确实是高度的赞誉，然而法国数学家安德烈·韦伊的盛赞可以说更胜一筹。他在 1979 年宣称，当代学习数学的学生们从这本书中所受到的裨益要远远超过其他现代同类书籍。这在当时的大多数数学家看来，很可能都会觉得反常，因为这一说法与传统的看法发生了抵触。传统上认为《无穷分析引论》中的推导普遍基于暧昧不清的、18 世纪的推理过程，而这种推理过程倘若不加小心使用的话，可能会导致各种矛盾——数学噩梦就是从这样的一些东西中形成的。18 世纪之后的数学家和历史学家们有时将欧拉的概念迁移描述成仓促的甚至鲁莽的。因此，尽管他的那些结论在两个多世纪中被当作绝妙的进展而受到赞美，但他的许多推导尤其是与无限相关的那些长期以来都被视为只不过是古雅的遗物而已。的确，数学书籍的作者们常常对于这样一个事实感到惊异：他几乎总是能得到如今我们认为完美可靠的结论，他似乎拥有一种离奇的本事，尽管据说他的推理过程暧昧不清，但他总是能把事情做对。实际上，他们虽然贬低欧拉的方法，但他们也支持这样一种想法：

他拥有近乎超自然的直觉。

不过，韦伊的看法最近几年看来不那么反常了。原因之一是，持修正论观点的数学家们已经明示，欧拉在证明那些与无限相关的定理时所使用的推理性迁移，实际上与如今在非标准分析中所使用的迁移十分相似，而非标准分析是 20 世纪 60 年代出现的一个无可争议的严格数学分支。(非标准分析的基础是“超实”数，这些数基本上就是欧拉那个时代的无限大和无限小的数，只不过是用严格的现代术语表述而已。) 他们的研究表明，欧拉的大部分概念上的巧计只需要经过微小的调整，用今天的标准来看也是完美有效的。

此外，有些数学教育家们还指出，欧拉的这些概念迁移与它们对应的标准现代方法相比，更符合学生们的自然直觉，因此也就更容易掌握。(顺便提一下，这个观点不算新，不过随着教师们四处寻找更好的方法来介绍微积分，它的受欢迎程度也日渐增加。) 如今，涉及无限的那些数学课本读起来常常像是法律文书，其中充满了深奥难懂的逻辑和复杂的修饰性语句。这些复杂性有助于避开欧拉那个时代不那么严格的概念中所隐含的不一致性。19 世纪的数学家们在力图清除笼罩在数学中对于无限的处理方法上方的疑云时，基本上已经将这些比较古老的概念摧毁廓清了。不过，更高的严格性是有代价的：它疏远了数学与那些直觉上吸引人的概念之间的距离，而这些概念长期以来一直渗透在数学思想之中。例如，将函数描述为动动手就可以画出的曲线，后来被看成依赖于定义不明确的几何直觉，而这些直觉可能会过于轻易地在数学的最根基处导致严重的古怪结果，甚至是可怕的碎裂[1]。

[1] 这里给出几何直觉可能导致此类古怪结果的一个例子：想象有两个大小相同的圆仅在一点相互接触。我们从直觉上会很自然地想象它们是在“接吻”。假如你是一位极简主义艺术的狂热爱好者，那么你就可以将它们称为“恋爱中的圆”。不过，现在再来考虑一下，从人类的角度来讲，这个吻实际上会是什么样子。两个人在接吻时，他们嘴唇的皮肤融合在一起，因此他们确确实实是在嘴唇处结合在一起了。这是由以下事实推断出来的：就像两条直线发生交叉时共享的那个点一样，这两个圆接触的点是一个交叉点——它同时位于两个圆上。乔治·莱考夫和拉斐尔·E. 努涅斯将这种惊人诡异的洞见记录在他们的《数学从何而来》一书中。这不是数学上的麻烦，而是令人难忘地展示了那些看起来简单的几何概念有时如何隐含着奇怪的事物。

欧拉的杰作值得注意的原因还在于它们的明晰度。事实上，20 世纪匈牙利数学家乔治·波利亚评论道，他如此“煞费苦心”地谨慎呈现他的推理，在数学中几乎是独一无二的。波利亚还补充说，很大程度上正是出于这一原因，欧拉的著作才具有一种“与众不同的魅力”——这是在技术性数学文献中不算太多见的品质。数学家威廉·邓纳姆也同样注意到，欧拉的阐述“新鲜而充满热情，与现代的那种将学者的热情隐藏在超然的技术性乏味风格背后的趋势大相径庭”。

为了理解欧拉是如何推导出 $e^{i\theta} = \cos\theta + i\sin\theta$ 的，你需要对他在计算中常规性引入的那些无限小的数字——无限小量略知一二。无限小量是莱布尼茨在 17 世纪 70 年代建立他自己的微积分形式时在数学中推广的。当时它们被宽松地定义为非常接近零以至于根据情况可以或者不可以当作零来处理的数。很重要的一点是，由于它们戴上了非零的帽子，因此它们可以充当除数，或者说相当于可以充当分母。与此相反，真正的零则不能这么做——在数学中是不允许除以零的，而 $x/0$ 这种形式的分数也是未定义的。

这些定义含糊的极小数字对于微积分的建立是至关重要的。欧拉和他同时代的数学家们也追随着莱布尼茨的脚步，在计算瞬时变化率（其中牵涉到零时间增量，因为这就是“瞬时”这个术语的意思）时自由地引入这些数。这就使他们能够避免在这样的计算中除以零——取而代之的是除以无限小量。不过，当他们不再需要这些方便的小量时，就会将它们通过简化操作消除掉，就好像它们终究确实等于零。这种操作类似于用 x 来代替 $x+0$ 这种完全合法的迁移，因此它就允许数学家们写出类似 $x + dx = x$ 这样的式子，其中的 dx 表示一个非零的（此处要对你使一个眼色）无限小量。确保这样策略性“忽略”无限小量的做法合理的论据是，它们在计算过程中与所谓的常规大小的（有限的）数相加或相减时显得太小，因而无关紧要。

直白地说，欧拉那个时候的无限小量从形而上学的观点来看是可疑的。不过，它们就像无数个有魔力的微生物在一起合作，帮助我们推动了一架强大的发动机去发现新的事物。事实上，正如杰出的数学历史学家莫里斯·克莱因所说，数学中的“伟大创造 [在 18 世纪中] 比其他任何世纪都更多”。

不过，克莱因又补充说，欧拉及其同侪如此“沉醉”于他们的成功，以至于常常对于他们的数学中“缺失的严格性漠不关心”。最显眼的问题是，对于从古希腊时期以来就一直折磨着数学家和哲学家的那些牵涉到无限的深刻问题，他们的这些聪明的计算花招并没有加以解决，而是绕过去了。到 1900 年，完全清醒过来的数学家们已舍弃了这些欧拉时期的宽松的、凭直觉的概念，取而代之的是精密设计了极限及其他概念的定义，这些定义只涉及有限量，从而有效地将威胁着他们的幽灵推到了看不见的地方[1]。（但并不一定推到了想不到的地方，无限很可能一直都是一个非常容易引发争论的主题。）

现在开始讨论数学。让我们首先来说明一组法则，它们掌控着在欧拉的计算过程中如何使用无限小和无限大的数。眼下请先将它们快速地浏览一遍，在下文计算中用到它们时，你可以视需要重新回顾一下。

（1）一个无限小的数乘以一个有限的数，结果得到另一个无限小量。这就类似于规定一个数乘以零的结果等于零的那条算术法则。因此，如果用 y 和 z 来表示两个无限小量，而 x 则是一个有限的数，那么你就可以写成 $y \times x$

[1] 例如，以下是无限分数序列 1, 1/2, 1/3,…（即 $1/n$ 的序列，其中 $n = 1, 2, 3,\cdots$）的极限的定义：如果对于任意正数 ε，都存在着一个正整数 m，使得对于一切大于或等于 m 的 n，都有 $L-1/n$ 的绝对值小于 ε，那么数列 $1/n$（其中 $n = 1, 2, 3,\cdots$）就有极限 L。（顺便说一下，对于这个数列，$L = 0$。）很复杂吗？确实如此。无限泛滥吗？呃，不尽然。这里的无限（即无限小）隐藏在“对于任意正数 ε”这个短语背后，它暗示了我们可以通过选择越来越大的 n 值而随心所欲地使 $1/n$ 尽可能接近 L。很重要的一点是，这个“ε 型”定义（这样命名的原因是希腊字母 ε 在数学中常常被用来表示一个小的、有限的数）略去了那些多少有点儿含糊的运动概念（它们是通过“接近”或“趋向于”这样的措辞传递出来的），而这些概念隐含在早先的极限定义中。这种如今已成为标准的、非常牢靠的极限定义是由德国数学家卡尔·魏尔斯特拉斯系统阐明的。

$= z$ 或 $yx = z$。

（2）一个有限的数除以一个无限大的数，结果得到一个无限小量。这里的逻辑就类似于在一个非常盛大的生日聚会上，将一个蛋糕分成无限多块供参加者们享用，结果导致每个人都只分到小到几乎看不见的一块。在数学上，可将这一小块表示为 $x/n = z$，其中的 n 为无限大，x 是一个有限的数，而 z 则是一个无限小量。

（3）一个正的有限的数除以一个正的无限小量，结果等于一个无限大的数。这就类似于一个正数除以一个非常小的正分数，结果得到一个非常大的数。例如，1 除以一百万分之一（相当于计算 1 这个数里有多少个一百万分之一），结果就等于一百万，写成简单的形式就是 $1/(1/1000000) = 1000000$。因此，如果 x 是一个有限的数，z 是一个无限小量，而 n 是一个无限大的数，那么你就可以写下 $x/z = n$。

（4）一个无限小量乘以一个无限大的数，结果得到一个有限的数。在通常的算术中没有与此类似的法则。不过，它符合这样一种直觉概念：当无限大与无限小对抗时，二者基本上会在一次巨大的冲撞中相互抵消，而在尘埃落定后，留下的是一个有限的数。因此，如果用 z 来表示一个正的无限小量，n 表示一个无限大的数，而 x 则代表一个有限的数，那么你就可以写下 $z \times n = x$ 或 $zn = x$。

（5）请回忆一下 $\cos 0 = 1$ 和 $\sin 0 = 0$。由于一个无限小量（称之为 z）和 0 之间的差值是无限小的，因此在这些三角学事实中偷偷地用 z 来代替 0，从而得到 $\cos z = 1$ 和 $\sin z = z$ 也不无道理，至少在没有 18 世纪以后的数学家观看的情况下会是这样。欧拉在我们即将说明的推导过程中所做出的这一步迁移求助了无限小量的双面性本质中的一面。事实上，z 在这里被当作零来处理。哲学家乔治·伯克利认为无限小量从形而上学来看是愚蠢的，他如今在坟墓里也要感到天旋地转了。然而，欧拉在他的长眠之中仍然对全部事情完全保持着冷静沉着。

接下去给出我承诺过的代数速查表。这些法则明示了如何对表示特定数字、单个变量的各项（用 a、b、c 表示）进行运算，或者说这些法则详尽地阐明了那些包含数和变量的表达式的运算规律。

- $a^0 = 1$，$a^1 = a$，$a^2 = a \times a$，$a^3 = a \times a \times a$，以此类推。
- $(a^m)^n = a^{m \times n}$。
- 如果 $a = b$，那么 $a^n = b^n$。
- 如果 $a/b = c$，那么 $a/c = b$。
- $a/b \times b = a$。
- 如果 $a = b$ 且 $c = d$，那么 $a + c = b + d$。(这实际上就意味着等式是可以相加的。)
- $(a + b) \times (c + d) = (a \times c) + (a \times d) + (b \times c) + (b \times d)$ 。[这被称为 FOIL 法则，因为它为了从展开等式的左边得到等式的右边，我们需要把下列各乘积依次相加：左边各相乘项中的首 (First) 分量 (a 和 c) 构成乘积项 $a \times c$，外侧 (Outer) 分量 (a 和 d) 构成乘积项 $a \times d$，内侧 (Inner) 分量 (b 和 c) 构成乘积项 $b \times c$，末 (Last) 分量 (b 和 d) 构成乘积项 $b \times d$。]
- $(a + b)/2 = a/2 + b/2$。

我将欧拉的推导过程分成了 7 步，并为某些等式进行编号（例如第一步中的 A.1 和 A.2），从而便于在后文中引用。我还更新了欧拉所使用的符号，比如说，我没有使用他为了排字方便而写成的 xx 形式，而是用 x^2 来代替。除了第六步中提出的一个例外，此处提供的推理过程的其余部分都亦步亦趋地按欧拉的方式进行。

第一步：我们的第一步行动是要明示从几个被称为和角恒等式的基本三角学等式中，如何能够引出第 9 章中顺便提到的棣莫弗公式。我选择跳过这些恒等式的证明，它们是由我在第 7 章中向你们展示过的基于三角形的三角学中推断出来的。如果你想要看看它们的证明，那么我向你推荐可汗学院网站上给出的极好证明方式。(在该网站上搜索“proof of angle addition identities"即可[1]。)

这些恒等式是：

$$\sin(a+b)=\sin a\cos b+\sin b\cos a$$

和

$$\cos(a+b)=\cos a\cos b-\sin a\sin b。$$

这些等式右边的各项表示乘积，例如 $\sin a\sin b=\sin a\times\sin b$。

为了推导出棣莫弗公式，欧拉利用这些恒等式来证明具有 $(\cos\theta+\mathrm{i}\sin\theta)^n$ 形式的表达式等于具有 $\cos(n\theta)+\mathrm{i}\sin(n\theta)$ 形式的表达式，其中 $n=1, 2, 3,\cdots$。

要证明棣莫弗公式在 $n=1$ 时成立，则是显而易见的，因为：

$(\cos\theta+\mathrm{i}\sin\theta)^1=\cos\theta+\mathrm{i}\sin\theta=\cos(1\times\theta)+\mathrm{i}\sin(1\times\theta)$ [因为 $a^1=a$，而 $1\times\theta=\theta$]

对于 $n=2$ 的情况，我们有：

$(\cos\theta+\mathrm{i}\sin\theta)^2=(\cos\theta+\mathrm{i}\sin\theta)(\cos\theta+\mathrm{i}\sin\theta)$

$=\cos 2\theta+\mathrm{i}\sin\theta\cos\theta+\mathrm{i}\sin\theta\cos\theta+\mathrm{i}^2\sin 2\theta$

[利用 FOIL 法则，以及 $\cos^2\theta$ 就意味着 $\cos\theta$ 乘以 $\cos\theta$ 这一事实，$\sin^2\theta$ 也一样]

$=(\cos^2\theta-\sin^2\theta)+[\mathrm{i}\times(2\sin\theta\cos\theta)]$

[利用 $\mathrm{i}^2=-1$ 这一事实，在将 i^2 转换成 -1 以后，将第一项与第四项组合在一起，并将中间完全相同的两项相加]

$=\cos 2\theta+\mathrm{i}\sin 2\theta$

例如，当我们令第二个恒等式中的 a 和 b 都等于 θ 时，就意味着 $\cos 2\theta=\cos(\theta+\theta)=\cos\theta\cos\theta-\sin\theta\sin\theta=\cos^2\theta-\sin^2\theta$，于是我们就可以合理地用 $\cos 2\theta$ 来代替 $\cos^2\theta-\sin^2\theta$。

---

[1] 意为"和角恒等式的证明"。可汗学院是孟加拉裔美国人萨尔曼·可汗（Salman Amin Khan）于 2006 年创办的非营利教育机构。自 2013 年开始，可汗学院向全世界开放，其内容可翻译成各国语言，但目前中文网站还很不完善，尚不包括三角函数的内容。——译注

对于 $n = 3$ 的情况，我们有：

$(\cos\theta + i\sin\theta)^3 = (\cos\theta + i\sin\theta)^2(\cos\theta + i\sin\theta)$ [根据指数的定义]

$= (\cos 2\theta + i\sin 2\theta)(\cos\theta + i\sin\theta)$ [代入上文中 $n = 2$ 的结果]

$= \cos 2\theta\cos\theta + i\cos 2\theta\sin\theta + i\sin 2\theta\cos\theta - \sin 2\theta\sin\theta$

[根据 FOIL 法则及 $i^2 = -1$]

$= (\cos 2\theta\cos\theta - \sin 2\theta\sin\theta) + [i \times (\cos 2\theta\sin\theta + \sin 2\theta\cos\theta)]$

[重新整理各项]

$= \cos 3\theta + i\sin 3\theta$ [利用 $a = 2\theta$ 和 $b = \theta$ 时的三角恒等式]

对于 $n = 4$ 的情况，我们重复这一过程，在恰当的地方代入 $n = 3$ 的结果，并分别利用 $a = 3\theta$ 和 $b = \theta$ 时的三角恒等式，于是得到：

$(\cos\theta + i\sin\theta)^4 = \cos 4\theta + i\sin 4\theta$

此时此刻，我希望你能领会在 $n = 5, 6$ 等情况下重复此过程会给出类似的结果。将这一结论表述为任何正整数 n 的形式，我们就得到了棣莫弗公式：

(A.1) $(\cos\theta + i\sin\theta)^n = \cos(n\theta) + i\sin(n\theta)$

对式 A.1 稍作一点儿变动后给出一个相似的等式：

(A.2) $(\cos\theta - i\sin\theta)^n = \cos(n\theta) - i\sin(n\theta)$

这一变动只不过是在式 A.1 中用 $-\theta$ 来代替 θ，然后应用下列三角学事实：$\sin(-\theta) = -\sin\theta$ 和 $\cos(-\theta) = \cos\theta$。如果需要的话，通过回顾第 7 章中对三角函数的那种基于单位圆的定义以及负角度的意义，你就可以验证这两个三角学事实。也可以访问可汗学院网站，并搜索“Sine & cosine identities: symmetry”（意为“正弦和余弦恒等式：对称性”）。

第二步：将式 A.1 和式 A.2 这两个等式的等号左右两边颠倒，然后将它们相加，我们就得到：

$\cos(n\theta) + i\sin(n\theta) + \cos(n\theta) - i\sin(n\theta) = (\cos\theta + i\sin\theta)^n + (\cos\theta - i\sin\theta)^n$

重新整理这个等式左边的各项，使其变成 $\cos(n\theta) + \cos(n\theta) + i\sin(n\theta) - i\sin(n\theta)$，或者就等于简单的 $2\cos(n\theta)$。[请注意，$i\sin(n\theta) - i\sin(n\theta) = 0$，

这两项相互抵消了。] 于是这个等式就变成了：

$$2\cos(n\theta) = (\cos\theta + \mathrm{i}\sin\theta)^n + (\cos\theta - \mathrm{i}\sin\theta)^n$$

将其两边都除以 2，我们就得到：

$$\text{(A.3)}\qquad \cos(n\theta) = [(\cos\theta + \mathrm{i}\sin\theta)^n + (\cos\theta - \mathrm{i}\sin\theta)^n]/2$$

在这一刻，欧拉让无限发挥作用了。他假设出现在式 A.3 中的 n 是无限大的。一个有限的数 (我们会用变量 v 来表示) 除以这个无限大的 n，结果就会得到一个无限小的数，我们称之为 z。简而言之，即 $v/n = z$。[符合上文中的法则 (2)。] 根据基本代数，$v/n = z$ 就意味着 $v = zn = nz$。[这符合上文中的法则 (4)。]

请注意：n、z 和 v 会在下面使用好多次。

现在，将法则 (5) 应用于 z，我们就得到 $\cos z = 1$。利用同一条法则中的“正弦部分”，连同 $z = v/n$(来自前一段)，我们就像欧拉一样得到了 $\sin z = z = v/n$。

坚持下去，你正在取得实质性的进展。我们现在快要将式 A.3 右边的正弦和余弦转变成很像 $(1 + 1/n)^n$ 这种形式的表达式了，其中的 n 假设为无限大。这个表达式就等于 e，为了产生我们正在追寻的那个等式，需要将这个数拉到我们的场景中。

我们来快速回顾一下现在可加以利用的几个数：我们假设 n 是一个无限大的数，z 是一个无限小的数，$zn = v$(其中 v 是有限的)，$z = v/n$，$\cos z = 1$，以及 $\sin z = v/n$。

第三步：要为式 A.3 中的 θ 代入一个无限小的数，也就是 z。在我们将 z 代入式 A.3 右边的 θ 后，它就变成了 $[(\cos z + \mathrm{i}\sin z)^n + (\cos z - \mathrm{i}\sin z)^n]/2$。通过使无限发挥作用，欧拉很聪明地建立起了接下来的关键一步。由于 $\cos z = 1$ 和 $\sin z = v/n$，因此我们就可以用 1 来代替 $\cos z$，用 v/n 来代替 $\sin z$，于是式 A.3 的右边就变成了 $(1 + \mathrm{i}v/n)^n + (1 - \mathrm{i}v/n)^n$。(请注意，我们现在已经变戏法似的变出了两个形似 e 的东西。)

同时，当我们将 z 代入式 A.3 左边的 θ 后，它就变成了 $\cos(nz)$，并且由于 $nz = v$，因此左边就可以改写成 $\cos v$。

将这两个新的、经过改进的项安排到式 A.3 的两边后，得出：

(A.4) $\cos v = [(1 + \mathrm{i}v/n)^n + (1 - \mathrm{i}v/n)^n]/2$

第四步：这一步与第三步差不多完全相同，只不过现在首先要用式 A.1 减去式 A.2，而不是将这二式相加。这样就得到：

$2\mathrm{i}\sin(n\theta) = (\cos\theta + \mathrm{i}\sin\theta)^n - (\cos\theta - \mathrm{i}\sin\theta)^n$

对此式重复第三步中的那种基于无限的逻辑，就会导出：

(A.5) $\mathrm{i}\sin v = [(1 + \mathrm{i}v/n)^n - (1 - \mathrm{i}v/n)^n]/2$

第五步：为了清除一些使人眼花缭乱的状态，现在让我们临时用两个变量 r 和 t 来分别代替式 A.4 和式 A.5 中的 $(1 + \mathrm{i}v/n)^n$ 和 $(1 - \mathrm{i}v/n)^n$，于是这两个等式就变成了：

$$\cos v = (r + t)/2$$

和

$$\mathrm{i}\sin v = (r - t)/2$$

将二式相加，我们就有：

(A.6) $\cos v + \mathrm{i}\sin v = (r + t)/2 + (r - t)/2$

根据基本代数知识，$(r + t)/2 = r/2 + t/2$，$(r - t)/2 = r/2 - t/2$，这就使我们可以将式 A.6 改写为：

$$\cos v + \mathrm{i}\sin v = r/2 + t/2 + r/2 - t/2$$

最后，请注意上面等式右边的第二项和第四项相互抵消，而第一项和第三项相加等于 r。这就意味着用代数运算将等式右边简化成了只剩一个 r，而我们记起它就等于 $(1 + \mathrm{i}v/n)^n$。这就允许我们将式 A.6 再次改写为：

(A.7) $\cos v + \mathrm{i}\sin v = (1 + \mathrm{i}v/n)^n$

第六步：现在我们只需要证明式 A.7 的右边等价于 $\mathrm{e}^{\mathrm{i}v}$ 就大功告成了。我们会继续追随欧拉的脚步，先假设 a 是一个大于 1 的有限的数，而 z 则是一个无限小的数。根据代数知识，我们知道 $a^0 = 1$，$a^1 = a$，并且一般而言，增大 a 的指数会产生越来越大的数。（例如，若 $a = 3$，则 $a^0 = 1$，$a^1 = 3$，$a^2 = 9$，以此类推。）由此可见，既然 z 是一个无限小量，即假定它只比 0 略大一点点，

那么 a^z 理所当然也就只比 a^0 略大一点点。事实上，欧拉推断 a^z 仅比 a^0 大一个无限小量。将此表示为一个等式，我们就得到 $a^z = a^0 + w$，其中的 w 是一个无限小量。又由于 $a^0 = 1$，因此我们就可以将这个等式改写为 $a^z = 1 + w$。

一个数 m 除以另一个数 p，结果得到 k，可以写成 $m/p = k$。同样，对于无限小量 w 和 z，我们也可以写成 $w/z = k$，其中 k 是某个数[1]。将该式两边都乘以 z，并进行基本代数运算，我们就得到 $w = kz$。这就意味着我们可以在上面那个等式（$a^z = 1 + w$）中用 kz 来代替 w，于是得到：

（A.8）　$$a^z = 1 + kz$$

很重要的一点是，这最后一个等式意味着 a 和 k 是相互联系在一起的，其联系方式就如同 y 和 x 由等式 $y = 1 + 2x$ 联系在一起。在后一种情况下，假如给 x 指定一个特定的值，比如说 2，那么 y 就必须取一个相应的特定值，在本例中是 5。我们过一会儿就会再次提到这种重要的 a-k 联系。

现在先来回头扫视一下前文中的法则（2）。它所隐含的意思是，无限小量 z 等于某个数 v/n，其中 v 表示一个有限的数（前文中用变量 x 来表示一个有限的数，v 的作用也完全一样），而 n 则表示一个无限大的数。将这种逻辑表示为一个等式就是 $z = v/n$，这就使我们能用 v/n 来代替式 A.8 中的 z，从而得到：

$$a^{v/n} =1 + kv/n$$

将该式两边都取 n 次幂，左边就变成了 $(a^{v/n})^n$，再利用一点代数知识，我们就将它简化成了 a^v。与此同时，该式右边取 n 次幂后就变成了 $(1 + kv/n)^n$。于是，现在我们有：

(A.9)　$$a^v = (1 + kv/n)^n$$

根据前文中提到的那种 a-k 联系，假如我们令 k 等于一个特定的值，那么 a 就必须给出一个相应的特定值。因此，假如我们令 k 等于 1，那么 a 就会呈现某个相应的常数值。为了确定这个神秘的常数，让我们来检验令 k 等

[1]　如果 k 是一个有限的数，则 w 和 z 必须是同阶无限小量。——译注

于 1 以后的这个等式：

$$a^v = (1 + v/n)^n$$

由于 v 表示的是一个未指定的数，因此它就可以不受限制地取各种不同数值而不会令等式不成立。这样一来，假如我们希望的话，就可以令 v 等于 1（而我们也确实是这样做的），从而将该等式转变成：

$$a^v = (1 + 1/n)^n$$

现在我们就可以看到当 $k = 1$ 时，a 必定等于什么值。根据第 2 章中对 e 的定义（以及前文中假设 n 为无限大这一事实），这最后一个等式就意味着 $a = \mathrm{e}$。因此，我们可以用 $k = 1$ 和 $a = \mathrm{e}$ 来将式 A.9 改写成：

(A.10) $$\mathrm{e}^v = (1 + v/n)^n$$

（欧拉得到式 A.10 所使用的推理过程比这里介绍的更加详尽，但是他所遵循的途径也导出了当 $k = 1$ 时 $a = \mathrm{e}$ 这个结论。）

第七步：请回忆一下第 9 章中欧拉如何在一个他知道对实数成立的等式中，大胆地用虚变量 $\mathrm{i}\theta$ 来代替实变量 θ。现在让我们在式 A.10 中进行同样的操作，用 $\mathrm{i}v$ 来代替实变量 v，这就得到：

$$\mathrm{e}^{\mathrm{i}v} = (1 + \mathrm{i}v/n)^n$$

将上式与式 A.7 结合起来，就意味着 $\mathrm{e}^{\mathrm{i}v}$ 和 $\cos v + \mathrm{i}\sin v$ 都等于同样的东西，即 $(1 + \mathrm{i}v/n)^n$。于是，$\mathrm{e}^{\mathrm{i}v}$ 和表达式 $\cos v + \mathrm{i}\sin v$ 本身也是相等的。欧拉在他的《无穷分析引论》中得到这个著名公式时激动万分地写下了：“真的会有。”

$$\mathrm{e}^{\mathrm{i}v} = \cos v + \mathrm{i}\sin v$$

或者用 θ 作为变量，写成我们更熟悉的形式，即 $\mathrm{e}^{\mathrm{i}\theta} = \cos\theta + \mathrm{i}\sin\theta$。

附录 2

为什么 i^i 是实数

单位虚数 i 以其本身作为指数给出了 i^i，这看起来绝对不像会是个实数。不过它的外表相当具有欺骗性。下文说明了如何利用欧拉公式来证明它是一个实数。

首先请注意，当表示为不同形式的相等的数取相同次幂时，结果得到的数也相等。例如，由于 $4/2 = 2$，因此我们就知道 $(4/2)^2 = 2^2$。接下去请回忆一下第 11 章中有 $e^{i\pi/2} = i$ 一式。（将 $\pi/2$ 代入 $e^{i\theta} = \cos\theta + i\sin\theta$ 即可推导出该式。）假如对这两个相等的数都取 i 次幂，那么我们就应该得到另外两个相等的数，即 $(e^{i\pi/2})^i = i^i$。这个等式意味着只要计算出 $(e^{i\pi/2})^i$，就会揭示出 i^i 的数值。

现在，为了计算出 $(e^{i\pi/2})^i$ 的值，请考虑对类似的表达式 2^2 取三次幂，或者说就是 $(2^2)^3$ 这种情况，该式可以写成 $(2\times2)^3$ 或 $(2\times2)\times(2\times2)\times(2\times2)$，也就等于 2^6 或 $2^{2\times3}$。这个例子所阐明的一条普遍法则可以用变量形式表述为 $(x^a)^b = x^{a\times b}$。将这条法则应用于 $(e^{i\pi/2})^i$，我们就得到 $(e^{i\pi/2})^i = e^{i\pi/2\times i} = e^{i\times i\times\pi/2}$（通过把指数中的各相乘项重新排列）$=e^{-\pi/2}$（由于 $i\times i = i^2 = -1$）。由此可得，$i^i=e^{-\pi/2}$，而尽管 $e^{-\pi/2}$ 具有一个看起来很滑稽的负指数，但它是一个实数，它实际上约等于 0.208。（事实上，i^i 等于无限多个与这个小数相关的实数，而这个小数被称为 i^i 的主值，不过那就是另一回事了。）当欧拉发现 i^i 是实数后，他在写给一位朋友的信中宣称：“[这] 在我看来是非同寻常的。”他对自己的发现具有一种无穷无尽的能力感到惊奇和欣喜，这不仅构成了他的魅力的一部分，也是他的天才的组成部分。

致谢

有好几位非数学家在本书写作过程中为我提供了极为宝贵的反馈意见：比尔·巴尔克利、南茜·马莱、艾丽西亚·拉塞尔和约翰·拉塞尔。数学家威廉·邓纳姆是一位研究欧拉及其著作的权威，而安德伍德·达德利曾担任过《大学数学杂志》（*College Mathematics Journal*）的编辑，他们二人为我提供了极大的帮助并慷慨地花费了不少时间，既充当我在数学问题方面的顾问，又在符号、措辞和行文风格方面担任着目光锐利的编辑。（不过，本书中如有任何差错的话，当然由我全权负责。）我还要感谢“欧拉档案馆”的创建者和维护者，这个丰富的在线图书馆为我节约了大量调研时间。感谢可汗学院的创始人萨尔曼·可汗，这个网站提供了我尊为典范的出色解释。感谢约翰·J. 奥康纳和埃德蒙·F. 罗伯森，他们创建了非常全面的在线数学史资源 MacTutor Historyof Mathematics，这是我高度依赖的资源。

用一种可能会对那些讨厌数学的人也有吸引力的方式来介绍一个深刻的数学发现，这是一个令人望而生畏的挑战，而当我还在考虑这一挑战时，与我志同道合的数学爱好者克里斯多夫·德罗塞从一开始就为我提供了必要的勇气。他还阅读了其中一份草稿并帮助我加以改进。我的出版代理人丽莎·亚当斯也极尽鼓励之情。Basic Books 出版社的编辑凯莱赫具有一种罕见的天分，既能使行文流畅，又能抓住技术主题的精髓，对于此书的出版可谓功不可没。我还要感谢将手稿改造成书的这个有才干的团队，其中包括梅丽莎·雷蒙德、米歇尔·威尔斯－霍斯特、马尔科·帕维亚、布伦特·威尔科特斯和萨曼莎·曼纳克托拉。

当我苦思冥想并常常无所适从时，我的妻子艾丽西亚·拉塞尔为我提供了关键的镇静剂，她是我的缪斯。我的孩子们也协助了我。当我撰写此书时，克莱尔正在上六年级，她帮助我确信了一个数学知识不超过六年级小学生的人也能理解弄懂欧拉公式所需要的基本三角学及其他概念。昆汀是一位目前在为电脑游戏和电影公司工作的年轻艺术家，他不知怎的竟忍耐了我热情高涨的数学辅导，其内容包括小学一年级的算术一直到高中的微积分。这有助于我想出如何向那些倾向于回避数学的人去解释数学。

词　汇　表

加法结合律：通常写成 $a + (b + c) = (a + b) + c$。这条法则的意思是说，不管你如何将相加的各个数分组，或者你先将其中的哪两个相加，都无关紧要。

乘法结合律：写成 $(a \times b) \times c = a \times (b \times c)$。它的意思是说，不管你如何将相乘的各个数分组，或者你先将其中的哪两个相乘，都无关紧要。

加法交换律：写成 $a + b = b + a$。它的意思是说，当两个数相加时，交换这两个数的顺序并不改变计算结果。

乘法交换律：写成 $a \times b = b \times a$。它的意思是说，当两个数相乘时，交换这两个数的顺序并不改变计算结果。

复平面：一个二维平面，其中包含两根垂直相交的数轴（或者就简称为轴）——一根用来表示实数的 x 轴和一根用来表示虚数的 i 轴。

复数：由两个部分构成的混合数，通常写成 $a + b\mathrm{i}$ 的形式，其中的 a 是一个实数，$b\mathrm{i}$（或者说就是 b 乘以 i）则是一个虚数，而 b 也是一个实数。每个复数都与复平面上的一个点相联系。

常数：一个特定的数，例如 e、i、π、1 和 0，它们是欧拉公式中的 5 个常数。

余弦函数：写成 $\cos\theta$，这个函数实际上是将直角三角形中的一个锐角的大小作为输入值，而输出值则是该角的邻边长度与该三角形斜边长度的比值。与正弦函数一样，它也可以更一般地按照单位圆上的点的坐标来定义。

三次方程：包括一个变量（比如说 x）的 3 次幂（即有一个指数为 3），但没有 x 的更高次幂。举一个例子，$x^3+2x^2-5x+8=0$。

分配律：这条算术法则常常写成 $a\times(b+c)=(a\times b)+(a\times c)$。它的意思是，当你将几个数相加之和乘以另一个数时，其结果与你将相加的各数分别乘以这个数后再将这些乘积加在一起所得的结果相同。

e：一个常数，定义为当将越来越大的数代入 n 时，表达式 $(1+1/n)^n$ 所趋近的数值。这个数被称为欧拉常数。它常常在数学中突然出现，有时相当出乎意料。这不仅是一个无理数，而且是一个超越数。

指数：在基础数学中，指数被定义为一个以上标形式写在一个常数或变量右上方的正整数，它指明了这个常数或变量要自乘多少次。例如，10^2（念成“十的平方”或“十的二次方”）的意思就是 10 乘以 10，或者说就等于 100；而 10^3 的意思就是 10 乘以 10 再乘以 10，或者说就等于 1000。数学家们屡次扩展这个定义，从而允许用 0、负整数、非整实数（有理数和无理数都包括在内）、虚数和复数来作为指数。

阶乘：阶乘的运算符用紧挨着一个整数写出的“!”来表示，意思是“将小于等于该指定整数的所有正整数全部乘在一起”。因此，3!（读作“三的阶乘”）就是 $1\times2\times3$ 的缩写，或者说就等于 6。0！和 1！都定义为 1。

函数：按照本书中的用法，函数这个术语的意思是一个带有变量的表达式，比如说 $x+5$。函数就类似于计算机程序，将输入数以规定的方式转换成输出数。它们是用等式形式来表示的，例如 $f(x)=x+5$，其中 $f(x)$ 的意思是“一个变量为 x 的函数”。

斜边：在一个直角三角形中，与 90 度角相对的那条边。

i：被定义为 -1 的平方根，它是一切虚数的基础。

虚数：具有 $a\times\mathrm{i}$ 形式的数，其中的 a 是一个实数，而 i 则表示 -1 的平方根。每个虚数都对应着一个实数。例如，单位虚数 i 是 1 对应的虚数，而 $-\mathrm{i}$ 则是 -1 对应的虚数。π 乘以 i 这个虚数就是欧拉公式中 e 的指数。

无理数：不能表示为分数形式的数。在一个无理数的小数表示形式中，小数点的右边有无限个不循环的数字。π 和 e 都是无理数。

n 次方根：一个数的 *n* 次方根是另一个数，当它自乘 *n* 次后等于原数。例如，2 是 16 的 4 次方根，这是因为 $2 \times 2 \times 2 \times 2 = 16$。

振荡：匀速的往复运动。像声波和无线电波这样的周期性现象以及交流电中都包含着振荡。

原点：*xy* 平面上 *x* 轴和 *y* 轴相交的那一点，以及复平面上 *x* 轴和 i 轴相交的那一点。在 *xy* 平面上，它的坐标是（0,0）。复平面上的原点则与复数 0 + 0i 联系在一起。

平行四边形：一种有四条边的多边形，它的对边两两平行。

圆周率：用希腊字母 π 来表示的一个常数，等于任何圆的周长除以其直径。它是一个无理数，约等于 3.14159。

多边形：一个有许多条边的图形。正多边形各边长度相等，各内角大小也相等，比如说美国停车标志所用的正八边形。

量角器：一种用来测量角度的工具，通常是用透明塑料做成的一个半圆，其外缘刻有 0 度到 180 度的刻度。

毕达哥拉斯定理（勾股定理）：这条定理陈述的内容是，任何直角三角形的两条直角边长度的平方和等于斜边长度的平方。它通常表示为像 $x^2 + y^2 = z^2$ 这样的一个等式，其中的 *x*、*y*、*z* 分别表示直角三角形的三条边长。

弧度：1 弧度的角是指一个圆的一条长度等于其半径的弧所对的圆心角。这就意味着 $2\pi = 360°$，$\pi = 180°$，而 $\pi/2 = 90°$。

半径：圆的直径的一半，描绘成圆周上的一点和圆心之间的一条线段。

比例：通常写成像 2 比 3 或 2∶3 这样的形式，表示的是与分数相同的数值关系。举例来说，假如有一份食谱指定糖与面粉的比例是 1 比 3，那么你就可以说它要求将 1/4 的糖和 3/4 的面粉混合在一起。

实数：位于我们所熟悉的数轴上的数。实数包括正负整数、零、有理数（分数）、无理数和超越数。有理数包含所有整数，无理数包含所有超越数。

直角三角形：有一个 90 度的角和两个较小的角的三角形。

正弦函数：写成 $\sin\theta$，这个函数实际上是将直角三角形中的一个锐角的大小作为输入值，而输出值则是该角的对边长度与三角形斜边长度的比值。与余弦函数一样，它也可以更一般地按照单位圆上的点的坐标来定义。

平方根：一个数 x 的平方根指的是一个数，当它自乘后就等于 x。例如，2 和 -2 都是 4 的平方根。

超越数：如果一个数不可能是任何整系数多项式方程的解，那么这个数就是一个超越数。多项式方程的一个例子是 $x^2-2x-35=0$。这个方程的一个解是 7，这就将 7 排除在超越数之外了。我们注意到 7 也是 $x-7=0$，$x^3-343=0$ 以及其他无穷多个多项式方程的解，它们同样可以将 7 排除在超越数之外。π 和 e 在 19 世纪都被证明是超越数。

单位圆：半径为一个单位、圆心在 xy 平面或复平面原点处的圆。可以想象在单位圆中有像半径一样的线段掠出各种角度。

变量：通常用诸如 x 这样的字母来表示，用来代表尚未确定的数。当它们出现在像 $x-2=4$ 这样的方程中时，它们表示的是“未知数”。通过求出代入这些变量后使方程成立的数，就可以确定这些未知数。

矢量：在二维复平面上，复数的箭头状的形象化表示形式。矢量也可以用来形象化地代表 xy 平面上的坐标对。物理学中用矢量来表示像运动物体的速率和方向之类的事物。

x 轴上和 y 轴上的坐标：写在括号里的一对数，它们与 xy 平面上的点联系在一起。这两个坐标中的第一个是沿着 x 轴度量的，确定了一个点与 y 轴之间的距离。第二个坐标是沿着 y 轴度量的，确定了该点与 x 轴之间的距离。

xy 平面：一个二维的表面，它的特征是具有一根称为 x 轴的水平实数轴和一根称为 y 轴的竖直实数轴。xy 平面使我们能够将算术和代数概念对应为几何概念，比如说将由数构成的坐标对对应为平面上的点。

芝诺悖论：古希腊哲学家芝诺提出了数个导致荒谬结论的思维实验。其中最著名的实验之一“赛道悖论”提出，跑步者永远也不可能跑完赛程，这是因为他必须先跑完距离终点一半的路程，然后再跑完剩余距离的一半，以此类推。

参考文献

Allain, Rhett. “Modeling the Head of a Beer.” *Wired*, January 25, 2009.

Amalric, Marie, and Stanislas Dehaene. “Origins of the Brain Networks for Advanced Mathematics in Expert Mathematicians.” *Proceedings of the National Academy of Sciences*, May 3, 2016, 4909-4917.

Apostol, Tom M. *Calculus, Volume I and Volume II*. Waltham, Mass.: Blaisdell Publishing Co., 1969.

Archibald, Raymond Clare. *Benjamin Peirce, 1809—1880: Biographical Sketch and Bibliography*. Oberlin, Ohio: The Mathematical Association of America, 1925.

Assad, Arjang A. “Leonard Euler: A Brief Appreciation.” *Networks*, January 9, 2007.

Bair, Jacques, Piotr Blaszczyk, Robert Ely, Valerie Henry, Vladimir Kanovei, Karin U. Katz, Mikhail G. Katz, Semen S. Kutateladze, Thomas McGaffey, Patrick Reeder, David M. Schaps, David Sherry, and Steven Shnider. “Interpreting the Infinitesimal Mathematics of Leibniz and Euler,” *Journal for General Philosophy of Science*, 2016.

Baker, Nicholson. “Wrong Answer: The Case against Algebra II.” *Harper's*, September 2013.

Ball, W. W. Rouse. *A Short Account of the History of Mathematics*. New York: Dover Publications Inc., 1908.

Bell, E. T. *Men of Mathematics: The Lives and Achievements of the Great Mathematicians from Zeno to Poincaré*. New York: Touchstone Books, 1986.

Bellos, Alex. *The Grapes of Math: How Life Reflects Numbers and Numbers Reflect Life*. New

York: Simon & Schuster, 2014.

Benjamin, Arthur. *The Magic of Math: Solving for x and Figuring Out Why*. New York: Basic Books, 2015.

Blatner, David. *The Joy of Pi*. New York: Walker & Co., 1997.

Bouwsma, O. K. *Philosophical Essays*. Lincoln, Neb.: University of Nebraska Press, 1965.

Boyer, Carl B. "The Foremost Textbook of Modern Times." Mac Tutor History of Mathematics archive, 1950.

Bradley, Michael J. *Modern Mathematics: 1900—1950*. New York: Chelsea House Publishers, 2006.

Bradley, Robert E., Lawrence A. D' Antonio, and C. Edward Sandifer, Editors. *Euler at 300: An Appreciation*. Washington, D.C.: The Mathematical Association of America, 2007.

Branner, Bodil, and Nils Voje Johansen. "Caspar Wessel（1745-1818）Surveyor and Mathematician." In *On the Analytical Representation of Direction: An Attempt Applied Chiefly to Solving Plane and Spherical Polygons* by Caspar Wessel, trans. from the Danish by Flemming Damhus, edited by Bodil Branner and Jesper Lutzen, 9-61. Copenhagen: Royal Danish Academy of Science and Letters, 1999.

Burris, Stan. "Gauss and Non-Euclidean Geometry," 2009.

Cajori, Florian. "Carl Friedrich Gauss and his Children." Science, May 19, 1899, 697-704.

Calinger, Ronald S. *Leonhard Euler: Mathematical Genius in the Enlightenment*. Princeton: Princeton University Press, 2015.

Clegg, Brian. *A Brief History of Infinity: The Quest to Think the Unthinkable*. London: Constable & Robinson Ltd., 2003.

Debnath, Lokenath. *The Legacy of Leonhard Euler: A Tricentennial Tribute*. London: Imperial College Press, 2010.

Dehaene, Stanislas. "Precis of *The Number Sense*." *Mind and Language*, February 2001, 16-36.

Devlin, Keith. *The Language of Mathematics: Making the Invisible Visible*. New York: W.H. Freeman & Co., 1998.

Devlin, Keith. "The Most Beautiful Equation in Mathematics." *Wabash Magazine*, Winter/Spring 2002.

Devlin, Keith. "Will Cantor's Paradise Ever Be of Practical Use?" Devlin's Angle.

June 3, 2013.

Dudley, Underwood. "Is Mathematics Necessary?" *The College Mathematics Journal*, November 1997, 360-364.

Dunham, William. *Euler: The Master of Us All*. Washington, D.C.: The Mathematical Association of America, 1999.

Dunham, William. *Journey through Genius: The Great Theorems of Mathematics*. New York: Penguin Books USA, 1991.

Dunham, William, Editor. *The Genius of Euler: Reflections on His Life and Work*. Washington, D.C.: The Mathematical Association of America, 2007.

Euler, Leonhard. *Letters of Euler on Different Subjects in Physics and Philosophy Addressed to a German Princess*, trans. from the French by Henry Hunter. London: Murray and Highley, 1802.

Fellmann, Emil A. *Leonhard Euler*. Translated by Erika Gautschi and Walter Gautschi. Basel: Birkhäuser Verlag, 2007.

Fleron, Julian, with Volker Ecke, Philip K. Hotchkiss, and Christine von Renesse. *Discovering the Art of Mathematics: The Infinite*. Westfield, Mass.: Westfield State University, 2015.

Gardner, Martin. "Is Mathematics for Real?" *The New York Review of Books*, August 13, 1981.

Gardner, Martin. "Mathematics Realism and Its Discontents." *Los Angeles Times*, Oct. 12, 1997.

Gardner, Martin. *The Magic and Mystery of Numbers*. New York: Scientific American, 2014.

Gray, Jeremy John. "Carl Friedrich Gauss." *Encyclopedia Britannica*, 2007.

Hardy, G. H. *A Mathematician's Apology*. Cambridge: Cambridge University Press, 1940.

Hatch, Robert A. "Sir Isaac Newton." *Encyclopedia Americana*, 1998.

Hersh, Reuben. "Reply to Martin Gardner." *The Mathematical Intelligencer*, 23（1）, 2001, 3-5.

Hersh, Reuben. *What Is Mathematics, Really*? New York: Oxford University Press, 1997.

Horner, Francis. "Memoir of the Life and Character of Euler by the Late Francis Horner, Esq. M.P." In *Elements of Algebra* by Leonhard Euler, trans. from the French by Rev. John Hewlett. London: Longman, Orme, and Co., 1840.

Keynes, John Maynard. "Newton, the Man." Royal Society of London Lecture, 1944.

Kline, Morris. *Mathematical Thought from Ancient to Modern Times*. New York: Oxford University Press, 1972.

Klyve, Dominic. “Darwin, Malthus, Süssmilch, and Euler: The Ultimate Origin of the Motivation for the Theory of Natural Selection.” *Journal of the History of Biology*, Summer 2014.

Lakoff, George, and Rafael E. Núñez. *Where Mathematics Comes From: How the Embodied Mind Brings Mathematics into Being*. New York: Basic Books, 2000.

Lemonick, Michael D. “The Physicist as Magician.” *Time*, Dec. 7, 1992.

Maor, Eli. *e: The Story of a Number.* Princeton: Princeton University Press, 1994.

Martin, Vaughn D. “Charles Steinmetz, The Father of Electrical Engineering.” *Nuts and Volts*, April 2009.

Martinez, Alberto A. *The Cult of Pythagoras: Math and Myths*. Pittsburgh: University of Pittsburgh Press, 2012.

Mazur, Barry. *Imagining Numbers: (Particularly the Square Root of Minus Fifteen)*. New York: Picador, 2003.

Moreno-Armella, Luis. “An Essential Tension in Mathematics Education.” *ZDM Mathematics Education*, August 2014.

Nahin, Paul J. *An Imaginary Tale: The Story of* $\sqrt{-1}$. Princeton: Princeton University Press, 1998.

Nahin, Paul J. *Dr. Euler's Fabulous Formula: Cures Many Mathematical Ills*. Princeton: Princeton University Press, 2006.

O'Connor John J., and Edmund F. Robertson. *MacTutor History of Mathematics Archive.* St. Andrews: University of St. Andrews, Scotland, 2016.

Ofek, Haim. *Second Nature: Economic Origins of Human Evolution*. Cambridge: Cambridge University Press, 2001.

Paulos, John Allen. “Review of *Where Mathematics Comes From*.” *The American Scholar*, Winter 2002.

Pólya, George. *Mathematics and Plausible Reasoning, Volume 1: Induction and Analogy in Mathematics.* Princeton: Princeton University Press, 1990.

Preston, Richard. “The Mountains of Pi.” *The New Yorker*, March 2, 1992.

Reeder, Patrick J. Internal Set Theory and Euler's Introductio in Analysin Infinitorum, Ohio

State University Master's Thesis, 2013.

Reymeyer, Julie. "A Mathematical Tragedy." Science News, Feb. 25, 2008.

Roh, Kyeong Hah. "Students' Images and Their Understanding of Definitions of the Limit of a Sequence." *Educational Studies in Mathematics*, Vol. 69, 2008, 217-233.

Roy, Ranjan."The Discovery of the Series Formula for π by Leibniz, Gregory, and Nilakantha." *Mathematics Magazine*, December 1990, 291-306.

Russell, Bertrand. *Mysticism and Logic: And Other Essays*. London: George Allen & Unwin Ltd., 1959.

Sandifer, C. Edward. "Euler Rows the Boat." *Euler at 300: An Appreciation*. Washington, D.C.: The Mathematical Association of America, 2007, 273-280.

Sandifer, C. Edward. "Euler's Solution of the Basel Problem—The Longer Story." *Euler at 300: An Appreciation*. Washington, D.C.: The Mathematical Association of America, 2007, 105-117.

Sandifer, C. Edward. "How Euler Did It: Venn Diagrams." The Euler Archive, January 2004.

Seife, Charles. *Zero*: *The Biography of a Dangerous Idea*. New York: Penguin Books, 2000.

Sinclair, Nathalie, David Pimm, and William Higginson, editors, *Mathematics and the Aesthetic: New Approaches to an Ancient Affinity*. New York: Springer Science+Business Media, 2006.

Steinmetz, Charles P. "Complex Quantities and Their Use in Electrical Engineering." *AIEE Proceedings of International Electrical Congress*, July 1893,.33–74.

Stewart, Ian. "Gauss." *Readings from Scientific American: Scientific Genius and Creativity*. New York: W.H. Freeman & Co., 1987.

Stewart, Ian. *Taming the Infinite: The Story of Mathematics*. London: Quercus Publishing, 2009.

Tall, David. *A Sensible Approach to the Calculus*. University of Warwick, 2010.

Toeplitz, Otto. *The Calculus: A Genetic Approach*. Chicago: University of Chicago Press, 1963.

Truesdell, Clifford, "Leonhard Euler, Supreme Geometer." *The Genius of Euler: Reflections on His Life and Works*. Washington, D.C.: The Mathematical Association of America, 2007, 13-41.

Tsang, Lap-Chuen. *The Sublime: Groundwork towards a Theory*. Rochester: University of

Rochester Press, 1998.

Tuckey, Curtis, and Mark McKinzie. “Higher Trigonometry, Hyperreal Numbers, and Euler’s Analysis of Infinities.” *Mathematics Magazine*, December 2001.

Wells, David. “Are These the Most Beautiful?” *The Mathematical Intelligencer*, 1990.

Westfall, Richard S. “Sir Isaac Newton: English Physicist and Mathematician.” *In Encyclopaedia Britannica* online. Chicago: Encyclopaedia Britannica Inc.

Wigner, Eugene. “The Unreasonable Effectiveness of Mathematics in the Natural Sciences.” *Communications in Pure and Applied Mathematics,* February 1960, 1-14.

Zeki, Semir, John Paul Romaya, Dionigi M.T. Benincasa, and Michael F. Atiyah. “The Experience of Mathematical Beauty and Its Neural Correlates.” *Frontiers in Human Neuroscience,* February 13, 2014.